0~1岁
宝宝营养搭配指南

［德］阿斯特丽德·莱米希霍夫 著　杨晓燕 译

北京联合出版公司
Beijing United Publishing Co.,Ltd.

理　论

实 践

服　务

阿斯特丽德·莱米希霍夫博士
营养学家

保持轻松心情，
切勿强求，
学习吃饭也会轻而易举。

写在前面的话

对于宝宝来讲，营养膳食不仅仅是纯粹的食物摄入，更是父母的关爱与陪伴。因为无论是母乳喂养还是奶粉喂养，宝宝都能感受到依偎在父母身旁的安全感和亲密感。宝宝健康成长，需要具备两方面的因素：父母的亲切关怀和最佳的营养摄入。本书旨在帮助你掌握宝宝出生第一年的最佳营养摄入方式。在这里，你将找到最适合你和宝宝的饮食方式，收获关于宝宝营养膳食的宝贵信息，包括从母乳喂养、可能的配方奶粉喂养到第一顿辅食和常见的家庭共同进餐，以及素食喂养和预防过敏等重要信息。

本书不仅为你提供最重要的婴儿辅食食谱，还在辅食食谱基础上衍生出许多家庭美食食谱。大量的食谱可以为你的厨房实践提供源源不断的灵感。

此外还有一点本人的亲身体会：只要用心，所有的孩子都可以养成健康的饮食习惯。因此，请你以身作则，有意识地认真安排好宝宝的营养搭配，因为好的开始是成功的一半。同时，在阅读书中列出的信息和建议时，请切勿忘记：每个孩子都是独一无二的，适合自己宝宝的饮食方式才是最好的。

祝愿你和宝宝的相处充满快乐、爱心和耐心！

妈妈和宝宝的健康

如果你在妊娠期和哺乳期注重膳食营养，
关注饮食的均衡与多样化，
不仅有利于你自身的健康，
你的宝宝同样可以获益良多。

哺乳期妈妈的营养

宝宝出生以后，新晋妈妈有足够的理由为自己的营养问题而忙碌。作为哺乳期妈妈，你也许会担心营养摄入方式是否合理，也许和众多年轻母亲一样，时常感觉到虚弱和疲惫，而开始考虑补充营养。然而，实际情况是，女性的身体会有意识地为哺乳期储备营养，大多数女性的体重在分娩之后比之前还要增加2～4千克。哺乳过程中，宝宝将通过母乳从妈妈的身体中摄取多种维生素和营养成分，因此，母亲均衡的膳食结构至关重要。除此之外，照顾婴儿的几个月尤其劳神费力，只有通过正确的饮食，母亲才能补充足够的体力。

哺乳期妈妈的能量需求

哺乳期妈妈的能量需求比怀孕期间还要高。与孕前相比，每日摄取的热量应额外增加550～600千卡。由于无论你吃什么或是吃得多或少，母乳总是会为宝宝提供等量的营养物质。因此，如果你的身体没有额外摄入这部分营养，那么你的营养储备就将成为宝宝的营养来源。也就是说，如果母亲营养摄入不足，深受影响的并非宝宝，而是你本人！如果经常感到筋疲力尽，很可能就是身体发出了营养摄入不足的信号。

因此，即使对自己的体重和身材尚不满意，你也应当暂时搁置节食计划，等哺乳期结束后再开始有意识地减肥。哺乳期内每月减肥超过500克的行为，不仅会危害妈妈的健康，更将危及你的宝宝。因为如果妈妈存在营养不良的风险，那么宝宝可能会通过母乳摄入之前储存在母体脂肪中，现在逐渐分解释放的毒素。

实际上，哺乳期的女性在缓慢瘦身方面具有优势：有研究表明，哺乳可以使母亲缓慢但安全省力地恢复孕前体重。

小知识

哺乳期健康饮食小贴士

长达数月的哺乳对妈妈来说是一种体力活，因此均衡、多样的膳食结构尤为重要。

- 多喝水，这有助于下奶。建议你养成每次哺乳前喝一杯水的习惯。虽然一些妈妈会选择饮用下奶茶，但下奶茶的功效，并没有得到任何研究的证实。
- 多吃新鲜水果和蔬菜。低热量的水果和蔬菜富含维生素和矿物质。
- 每日早餐可食用全麦面包、奶酪、低脂肪肉制品、水果酸奶或麦片。
- 低脂肪烹饪和饮食。可偏重使用菜籽油、橄榄油、玉米胚芽油、葵花籽油或核桃油。这几种油富含多不饱和脂肪酸，对于宝宝的大脑发育极其重要。

最佳饮食推荐

阅读以下几页，你将了解到产后初期以及哺乳期间哪些食物营养丰富，这将有助于你逐步恢复至孕前体重，对你的身体尤为有益。

土豆

土豆富含矿物质和维生素，可提供充足的维生素 C，并且含有优质蛋白质。带皮煮土豆或烤土豆是最适宜的烹调方式，因为其在脂肪含量最低的情况下保留了最多的营养物质。

饮品

只有每天饮足够的水，你的身体才能为宝宝提供充足的母乳。一般情况下，每天 2 ～ 3 升是比较理想的。最理想的饮品包括矿泉水、可饮用的自来水、未添加糖的温和草药茶或水果茶、兑入大量水的果汁或蔬菜汁，你也可以喝脱脂牛奶调节口味。

水果和蔬菜

建议最好按照交通指示灯的颜色（红、黄、绿）选择水果或蔬菜，每天分 5 次进食。这样既能保证你摄入多种维生素、矿物质和膳食纤维，也可为你的身体提供大量生物活性物质。选择范围很广泛：可以偏重选择当地应季的水果和蔬菜，当然要保证新鲜，最好选择有机农产品。

谷物及谷物制品

谷物及谷物制品为人体提供大量复合碳水化合物和优质植物蛋白质。全麦含有重要的维生素和矿物质，以及大量的膳食纤维，不仅能迅速营造饱腹感，还能促进消化、防止便秘。

谷物制品种类多样，例如面包、麦片、面条和米饭等。为了调节口味，也可食用干小麦、玉米糊、粗面粉或粗麦粉。建议在选择谷物制品时，其中大约一半应选择全麦食品（如糙米、全麦面条、全麦面包、全麦糕点以及全麦面粉等）。理想组合包括谷物和牛奶（如麦片或奶酪面包）或者谷物和豆类（如豆子杂烩和全麦面包）。

肉类

怀孕和分娩后许多妈妈体内的储存铁都会耗尽，必须进行补充。因此你可以每周放心地食用 3 ~ 4 次肉类。最理想的选择是富含铁的牛羊肉，建议你最好与低脂肉类交替食用，例如禽类。如果每次用餐时饮用一杯富含维生素 C 的果汁，或选择含维生素 C 的水果作为餐后甜点，将大大改善身体对铁的吸收。

鱼类

鱼类对于提供充足的多不饱和脂肪酸和碘至关重要。你可以选择低脂肪的鱼类（鳟鱼、白鲑鱼），也可以选择脂肪含量相对较高的海鱼（鲭鱼、三文鱼）以调节口味。选择脂肪含量高的海鱼时，应尽量使用清淡低脂的烹调方式。

鸡蛋

每周食用 2 ~ 3 个有机鸡蛋将为你的身体提供大量优质蛋白质。制定菜单时请考虑到成品食品中使用的鸡蛋，例如饼干、蛋糕或面条。

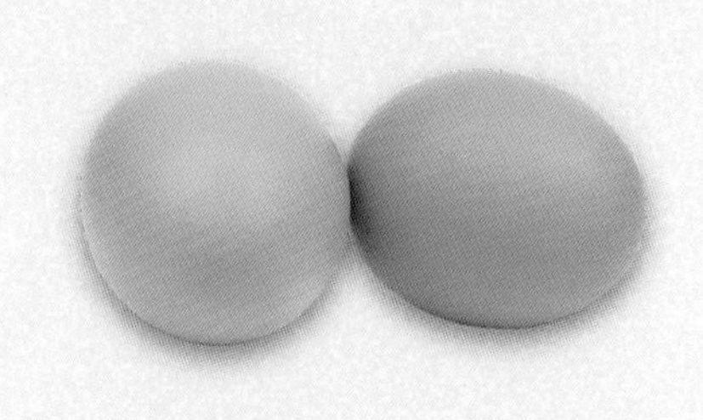

牛奶和乳制品

作为优质的钙源，牛奶和乳制品都含有优质蛋白质，对于不吃肉类或极少吃肉类的妈妈们尤为重要。建议你在食用牛奶和乳制品时尽量选择低脂肪的产品，在摄入大量蛋白质的同时，避免过多的能量摄入。最好食用例如低脂牛奶、凝乳和酸奶等。其他的优质钙源还包括脱脂牛奶、乳清饮品和酸奶饮品。奶酪也值得推荐：巴马干酪、埃门塔尔干酪或古乌达干酪中都含有大量的钙。

脂肪和油类

母乳中含有大量的脂肪。妈妈的饮食虽然不会影响母乳的脂肪含量，但可以影响其脂肪的构成。如果在饮食中偏重选择含有优质不饱和脂肪酸的冷榨植物油类，将使你在最大程度上受益。值得推荐的油类包括玉米胚芽油、葵花籽油、红花籽油、菜籽油、大豆油、橄榄油和核桃油。当然，也可以选择黄油作为涂抹面包的油脂（少量使用）。需要注意的是，食用冷榨植物油时不应过度加热。烹饪时更适合选择可高温加热的油类，例如菜籽油。

不吃肉也可以健康地度过哺乳期

无须担心，如果保证食用足够的牛奶、奶制品以及鸡蛋，并辅以充足的营养摄入（大量的水果、蔬菜以及足够的全麦食品），无论是母亲还是宝宝，都不会出现营养不良的情况。因此，重要的是，需要特别精心制订饮食计划。

怀孕和分娩后许多妈妈体内的储存铁都会消耗殆尽。因此，在哺乳期摄入足够的人体必需的铁元素尤其重要。一般情况下肉类富含铁元素。在素食者的膳食中，作为铁源的肉类的缺失，导致植物性的铁源显得极为重要。而由于植物性铁元素的生物利用度极低，因此，尽可能地有效利用植物性铁元素变得至关重要。富含铁的食物包括燕麦片、小米和绿叶蔬菜（如生菜、菠菜、唐莴苣等）。此外，胡萝卜也有助于铁的供给。

小贴士

维生素C有助于铁的吸收

每次用餐时饮用一杯富含维生素C的果汁，例如橙汁、黑加仑汁或沙棘汁，可以提高人体对铁的吸收能力。与之相反，牛奶、红茶和咖啡则会抑制铁的吸收，因为其中含有大量的钙、草酸或鞣酸，进餐时请尽量避免！

纯素食饮食方式

纯素食主义者，也就是说饮食中完全不包含动物类食品（例如牛奶、鸡蛋或蜂蜜等）的人，还应该额外注意以下几点：

- 西蓝花、球茎茴香以及坚果可为身体提供充足的钙。富含钙质的矿泉水（每升至少含150毫克钙）也可作为优质的钙源。
- 由于食物中的碘含量普遍很低，请一定使用加碘盐。
- 建议在菜单中尽量多使用全麦和豆类食品（包括黄豆），此类食物在提供众多优质营养物质的同时，也可保证锌的摄入。
- 建议尽可能多地进行户外活动。通过阳光照射，体内可产生足够的、可保障骨骼强健的维生素D。
- 长期纯素食饮食的话，建议补充维生素B_{12}。

有危害的食品

孕期准妈妈不能食用生鸡蛋或生肉等特定食品，而哺乳期几乎不需要忌口。

果酸

柑橘类水果中含有的果酸会引起宝宝的皮肤过敏，尤其是屁股周围的皮肤。如果你每次食用柑橘类水果或饮用其果汁之后，宝宝屁股都会发红，请你在此后的哺乳期内选用苹果或桃子之类的温性水果。但是，没有必要一开始就放弃柑橘类水果。

导致胀气的蔬菜品种

长期以来，人们认为，洋葱、豆类蔬菜和白菜中的有机硫化合物会使母体肠道内产生气体并传递至母乳，从而导致宝宝胀气。虽然此观点并不存在科学依据，但是，如果你的食谱中含有白菜，而你的宝宝也产生了胀气反应，那还是建议你先停止食用这类可疑的食品。

咖啡

咖啡、红茶或马黛茶中的咖啡因能通过母体进入母乳。由于宝宝对此类刺激性成分的反应大都比成人敏感得多,因此,母亲饮用咖啡或红茶之后，宝宝可能会产生烦躁、敏感、绞痛或失眠等症状。如果你确定宝宝产生上述症状的原因来自于此，建议最好将咖啡或茶的饮用量减至每日两杯，或者完全停止饮用。需要注意的是，某些冰茶、可乐和能量饮品中同样含有咖啡因。

酒精

酒精不仅可以进入母乳，还会抑制母乳的形成。虽然曾经有人建议哺乳期的女性可通过大量饮用啤酒来下奶，但是此种言论缺乏科学依据。与之相反，建议你在哺乳期最好完全停止摄入酒精，因为即使小剂量的酒精也会进入母乳，并给宝宝的新陈代谢带来不必要的负担。

尼古丁

尼古丁也会直接进入母乳。因此，哺乳期内建议你尽可能不抽烟。非常重要的是，一定不要在哺乳前抽烟，因为这会导致你的宝宝摄入格外多的尼古丁。

飞快成长的第一年

唯独在出生后的第一年，你的宝宝才会如此飞快地成长：从处处都要依赖你的新生宝宝，到用自己的双腿站立起来探索世界的好奇的小朋友，仅仅用了十二个月。在此期间，你的宝贝不只是平均长高了25厘米，他的体重同样增加到了出生时的三倍。在这期间，他要学习翻身、匍匐前进和手膝爬行，直到最后用自己的双脚站立。为了完成这一伟大壮举，不仅需要慈爱的父母、阳光和适宜的温度，毫无疑问还要有适应宝宝需求的最佳营养摄入。虽然起初母乳是最好的选择，但是添加第一顿辅食的时间很快就会到来。辅食会逐步接替母乳，为宝宝的成长提供所有重要的营养物质。

前四个月

出生后不久，你的宝宝就可以吸吮和吞咽了，因为在母亲的整个孕期内，他已经对此进行了密集的练习。宝宝的营养摄取主要通过觅食、吸吮和吞咽三种反射行为得到保障，而这些反射行为在母亲的第34个孕周时已经发育完全，所以，即使早产儿也可以依靠自己的力量摄取营养。

理想情况下，在宝宝出生后几小时内就可进行哺乳，因为吸吮反射在宝宝刚刚降生时尤为明显。母乳喂养一旦达到供需平衡，在之后的四至六个月母乳将成为宝宝的最佳营养来源。

感官的发育

- **味觉：**在母亲孕期的最后三分之一阶段，宝宝已经可以感知羊水中的味道，并形成对甜味的明显偏爱。大概从出生后的第四个月开始，宝宝会形成独立的味觉。在出生后一年内认识到的味道种类越多，宝宝的味觉就越多样化。
- **嗅觉：**在宝宝刚出生前几天还无法看清楚东西时，嗅觉会帮助他区分不同的人和物，当然也包括自己的父母。

信息

保证新生儿存活的三种反射行为

觅食反射：当宝宝的面颊或者口唇接触到你的乳房，甚至只是接触到你的肌肤或感觉到你的体温时，即可出现寻觅乳头的动作。

吸吮反射：一旦宝宝的口唇接触到你的乳头，他便会将其吸入口中，紧闭颌骨，并开始强烈的吸吮动作。然而，新生儿不只在饥饿时才有吸吮反射，在他们感到疲倦、无聊或希望平静下来时，吸吮妈妈的乳头（也可用奶嘴或安抚巾替代）对他们也会有帮助。

吞咽反射：吞咽反射是宝宝与生俱来的熟练行为，因为尚未出生的宝宝在妈妈的孕期已经开始喝羊水了。此外，宝宝还可以同时吸吮、吞咽以及用鼻子呼吸。

第五个月至第七个月

从四至六个月开始，只吃母乳或者婴儿配方奶粉已经无法满足宝宝的营养需求了，因为随着宝宝体重的增加，他的营养和能量需求也在相应增长。与此同时，他也具备了消化辅食的能力。有一点在这里同样适用：每个宝宝都有属于自己的成长速度。虽然大部分宝宝需要在第五个月至第七个月时第一次添加辅食，但也有宝宝要晚一些。请注意观察自己的宝宝：如果你将汤匙从盘子里拿起送往宝宝面前时，他会充满期待地张开嘴巴，就说明宝宝做好了吃辅食的准备。

重要提示：请牢记，首先要让宝宝习惯用汤匙吃辅食，而不是用辅食把他喂饱。

你的宝宝现在具备的能力

- **口腔运动：**大约从第五个月开始，宝宝可以用舌头将辅食送至咽喉并咽下。如果宝宝伸舌头将汤匙推出，并把辅食重新从嘴里吐出来以示抗拒，就说明添加第一顿辅食的时机还未成熟。
- **味觉：**直到满三个月后，宝宝才会对其他味道感兴趣，例如咸味或酸味。在此之前，他只喜欢一种味道：甜味！通过母乳，此时的宝宝已经可以感觉到妈妈饮食中摄入的不同味道了，其中某些味道显然也能激起宝宝的食欲。
- **消化与排泄：**与此同时，宝宝的消化系统也逐渐发育成熟，可以应对比奶更难消化的辅食了。而且，大约从第四个月开始，宝宝的肾脏已经可以将辅食中含量较高的矿物质排出体外了。

信息

放松地用汤匙喂养

一旦你的宝宝开始对大人的食物感兴趣，添加第一顿辅食的正确时机就来临了。

即使最初的“汤匙行动”进展不顺，添加辅食的尝试也不应有太大压力，而应当在轻松、无压力的氛围中进行。与此同时，你仍然可以继续哺乳，因为宝宝最初的固体食物始终只是辅食，而不是替代食物。

完全独立地吃一块香蕉：现在已经可以做得很好了。

第八个月至一周岁

在从无助的小婴儿长成可爱的宝宝期间，大多数宝宝已经长出第一批乳牙。许多宝宝甚至可以独立坐好，这使得他们可以坐在婴儿餐椅上和全家人共同进餐了。

你的宝宝现在具备的能力

- **口腔运动：**宝宝不再继续用嘴巴吸吮胡萝卜泥和类似的食物，而是开始用他的第一批乳牙啃咬和咀嚼。这意味着，从现在开始你不需要继续将所有的食物都研磨成泥状，而只需要大致切碎即可。
- **抓握运动：**从现在开始，喝水的时候宝宝会想要自己拿水杯。你可安心允许他的行为，以培养他的独立性。小家伙越早学会使用普通的杯子越好。虽然与学饮杯相比，使用普通杯子时你还必须花费一段时间帮助宝宝拿着杯子，但是宝宝会因此更快地掌握用水杯喝水的技巧。一旦宝宝可以独立喝水，你就可以把杯子慢慢交给他自己拿。为了安全起见，起初你最好只在杯子里装水，并给宝宝戴上一个大围嘴。外出时则建议你使用带锁扣的学饮杯。
- **独立性：**此时你的小宝贝渐渐在长大了，而且他自己也感觉到了。许多事情宝宝会更希望自己完成。此时，除了全家一起围坐在餐桌旁进餐外，还有更适合他开始独立的场合吗？请你做好心理准备，你的宝宝很快就会要求自己使用汤匙，不要你的帮助完全独立地进餐。在这个意义上，要求宝宝吃饭的“进餐教育”完全是多余的。每一天宝宝都会从你和其他家庭成员那里感受到和家人一起围坐在餐桌旁独立进食是多么美好。

宝宝的成长和体重增长情况

宝宝出生后第二个月和第三个月的成长速度最快：每个月体重会增加800 ~ 900克，同时发育速度也比之后任何时候都快。但是你应当时刻注意，这里讲的都是平均值。有些宝宝的成长速度会比平均值快一大截，但也有的会比平均值慢。

在开始的极速成长之后，宝宝的发育速度将回归正常水平。这意味着从满三个月开始，宝宝的体重增加速度将有所减缓。满一周岁时宝宝的体重平均每月增加400克，而满两周岁时体重平均每月仅仅增加200克。

极速成长

宝宝身高的增长速度则没有太大不同。新生儿的身高平均在50 ~ 52厘米。前三个月里宝宝平均每月长高3.5厘米，这意味着每天长高超过1毫米！当然，这方面同样存在个体差异：有些宝宝一个月也许仅长高1.5厘米，而有的宝宝每个月长高5.5厘米。和体重一样，从出生后第三个月开始，宝宝的身高增长速度开始放缓。满一周岁时，宝宝的身高平均每月仅增长1厘米。虽然这些统计数据都令人印象深刻，但最令人吃惊的是宝宝一周岁时的数据：健康宝宝一周岁时的体重大约是出生时的三倍，身高比出生时增加了25厘米。

重要提示：只有个体发育速度才重要

女宝宝出生时的平均体重是3300克，男宝宝是3500克。但是，也有些宝宝出生时只有2500克，而另外一些宝宝出生时则有4500克。宝宝的身高同样如此，46 ~ 55厘米都属于身高的正常范围。统计数据显示，在接下来的几年中，体重和身高方面的这些差异会一直存在。在宝宝满两周岁时，最轻的男宝宝和女宝宝体重只有10 ~ 11千克，而最重的则会达到14 ~ 16千克。男宝宝的身高将达到82 ~ 95厘米，女宝宝将达到80 ~ 92厘米。宝宝们的身高和体重差异如此之大，其原因应从遗传基因、营养摄入和个体发育速度中寻找。

生长发育怎样算正常?

新手妈妈可以借助百分位曲线图来评估宝宝的生长发育是否正常。世界卫生组织（WHO）发布的儿童生长曲线图可以给你很大帮助。

儿童生长发育曲线图是根据大规模研究得出的结果而绘制的，其中精确追踪记录了众多儿童多年来的发育和体重增长情况。这些收集来的数据可以为儿童的平均发育速度和体重增长情况提供可靠的参考。

与年龄相符的生长发育速度

如果你希望评估宝宝的增重和生长速度是否与年龄相符，首先你可以在表格中填写宝宝出生时的身长和体重，然后根据表格要求填写所有其他数据，例如预防性调查中所需要采集的各种数据。请一定注意针对男孩和女孩分别有不同的表格，以免混淆结果。填写完毕之后，首先你可以看出宝宝是否还持续保持在出生时的百分位曲线上。其次，你可以看出，与同龄人相比，宝宝的身高和体重情况如何。

都处于正常范围?

“正常范围”指最外面的两条曲线之间的区域。如果数值处于正常范围之下或之上，说明你的宝宝体重太轻或太重。然而，波动是完全正常的。重要的是，宝宝是否在持续且健康地成长发育。在你行动之前，请注意观察这些数据并及时与你的儿科医生进行交流。

出生后的体重下降

此外，如果宝宝出生后几天体重下降10%以内，你无须担心。大部分宝宝在两周以后就可以重新恢复至出生时的体重，六个月以后体重甚至可以翻倍!

宝宝的新陈代谢

怀孕期间胎宝宝可以通过脐带全面吸收营养，以此种方式他可以获取最利于发育的所有营养物质，而他的排泄物则通过胎盘和妈妈的肾脏排出。然而，随着宝宝的出生，这种全面的供应方式突然中断：一旦切断脐带、移除胎盘，新生儿就必须在最短的时间内开始独立存活。

出生后几分钟内，绝大部分宝宝的呼吸和循环系统都可以无障碍地适应转变。但宝宝的消化系统虽然已发育完全，却还需要几天时间才能正常运转。

出于此种原因，加之婴儿在刚开始尚且不能摄取足够的营养，于是大自然提前做好了安排：胎宝宝在妈妈怀孕的最后几周中将进行营养和能量的储备，为自己出生后的几天提供营养。因此，新生儿出生后几天内的体重下降是完全正常的，我们大可泰然处之。

新生儿的食物

由于新生儿出生后肾脏尚未具备完全的调节和排泄能力，因此，宝宝需要一种特殊配方的食物，以避免对他的肾脏造成多余的负担。全母乳喂养对于此时的宝宝来说是最完美的。出生后几天内妈妈的乳腺会分泌一种特殊的母乳，也就是所谓的初乳。初乳虽然量极其少，却是高度浓缩并精准匹配小宝宝需求的最佳食物。由于宝宝的身体构造还不能承受大量的食物，因此，最初宝宝的喂养应当遵循一整天内（夜里同样）少量多次（短间隔）的原则。直到五个月左右，宝宝才可以逐渐适应每天 4 ～ 5 餐。

按需哺乳：对宝宝最好的方式！

在宝宝刚出生的几天，体重下降幅度在 10% 以内都是完全正常的。只要宝宝想吃，就可以随时把他放到胸前哺乳直至宝宝自己松开乳头。刚开始的几天至几周内，最理想的状态是每天喂奶 8 ～ 10 次。只要做到这些，即使体重刚开始时下降，你也可以确信宝宝的喂养良好。然而，一旦宝宝体重下降幅度超过了出生时体重的 10%，儿科医生通常会建议你至少暂时需要额外喂奶。

宝宝第一年的饮食计划

以下饮食安排将帮助你始终总揽全局：

- 第一阶段从出生后立即开始，直至第五个月初结束。在此期间，宝宝只需要母乳喂养或通过奶瓶饮用婴儿配方奶。
- 从第五个月到第九个月辅食的添加被提上日程。首先在中午喂食蔬菜土豆肉泥，四周后开始在晚上添加牛奶谷物泥，再过一个月之后在下午用谷物水果泥代替母乳或配方奶。具体请参考第118页之后的内容。
- 第三阶段始于出生后第十个月，直至宝宝满一周岁结束。此时的宝宝已经足够大，可以逐渐参与到家庭进餐中来，并且吃大人们喜欢吃的食物了。这一时期，辅食由三次正餐和两次加餐取代。但是，如果你和宝宝还未准备好，你仍然可以在加餐的同时继续少量哺乳。

信息

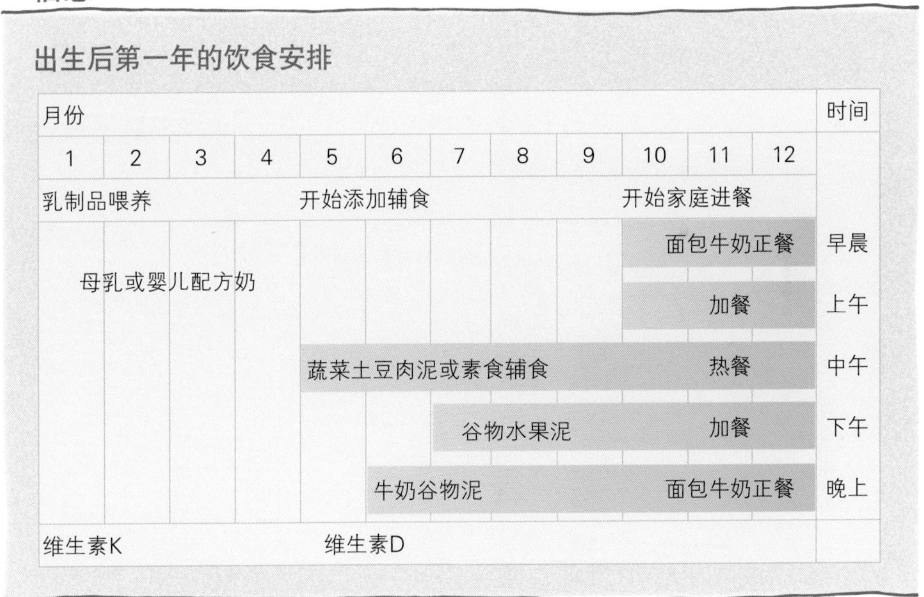

根据多特蒙德儿童营养研究所（FKE）的研究成果制定

健康成长需要的营养元素

如果宝宝的身高和体重都保持不断增长的趋势，一般情况下说明其营养摄入充足。新生儿每增加 1 千克体重需要 110 ～ 120 千卡的能量，但随着年龄的增长，能量需求会有所下降。为保证宝宝的健康成长，一岁宝宝体重每增加 1 千克一般需要 70 ～ 80 千卡的能量。除了纯粹的能量摄入，营养结构同样扮演着重要的角色。我们的食物主要由碳水化合物、蛋白质和脂肪构成。此外，不可缺少的还包括维生素和矿物质，虽然它们不提供能量，但对于宝宝的健康成长必不可少。

碳水化合物——成长的能源

婴儿每日摄入的能量中大约有40%，也就是说，将近一半都应当以碳水化合物的形式存在。这个比例与母乳中碳水化合物的比例吻合。然而母乳中提供的碳水化合物并非随意的组合，而是仅仅以单一的乳糖形式存在——当然，实际上宝宝在刚出生的几个月里也不需要别的营养物质。但是随着年龄的增长，更精确地说，随着辅食的添加，婴儿食品中碳水化合物的比例应当逐步增长到45% ~ 50%。最适宜的食物有土豆、全麦食品（包括全麦面食、全麦麦片、全麦面包或全麦点心）、水果和蔬菜。这些食品中不仅包含珍贵的复合碳水化合物，还包括许多极其重要的维生素、矿物质和膳食纤维。

当然，白糖、纯蔗糖、蜂蜜、糖浆、面粉和淀粉同样可为人体提供碳水化合物，但这些所谓的单糖或双糖只能为你的宝宝提供“空”的能量，对宝宝的健康几乎无益。因此，宝宝在一周岁以前应尽量避免食用它们，之后也只应微量摄入。

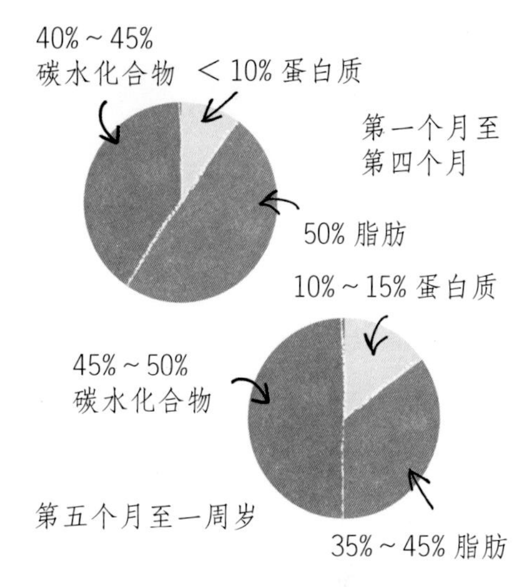

随着年龄的增长，宝宝的营养需求也有所改变。

宝宝什么时候需要膳食纤维？

膳食纤维对于健康，尤其对于消化极为重要。与液体结合后，膳食纤维在肠道中会逐渐膨胀并刺激消化。

母乳中不包含膳食纤维，因为直至宝宝出生后四个月，膳食纤维都会使宝宝的消化系统不堪重负。但是从添加第一顿辅食开始，宝宝的饮食中就包含膳食纤维了。因此，建议你开始时让宝宝一勺勺地慢慢适应纤维的摄入。而富含膳食纤维的食物，例如新鲜谷物泥，则建议直到出生后第二年再开始给宝宝喂食。

脂肪——对人体至关重要

母乳所提供的能量中大约50%以脂肪的形式存在。通常情况下，新生儿的体重每增加1千克就需要高达120千卡的能量。为了满足这一需求，必须利用一种质量和体积更小，却可以提供同等热量的营养元素，这对于刚刚添加辅食的宝宝来说同样适用。为了满足宝宝的能量需求，同时避免宝宝小容量的胃负担过重，只有利用高脂肪的食物。此外，脂肪还可以将脂溶性的维生素A、维生素D、维生素E、维生素K以及必需脂肪酸通过肠壁输送至血液循环中以促进脂溶性维生素的吸收。

重要提示：必需脂肪酸

直至宝宝一周岁前后，每天对脂肪的需求量才下降到35% ~ 45%。从这时开始，你应当注意，宝宝脂肪需求量的大约一半应由动物类食品（肉类、黄油、奶和奶制品）提供，另一半则由植物类食品提供，例如高质量的菜籽油、葵花籽油或橄榄油。由于人体自身无法合成必需脂肪酸，只能通过饮食摄入，因此为了给宝宝提供足够的必需脂肪酸，摄入植物类脂肪尤为重要。

蛋白质——取决于质量

婴儿食物中蛋白质的含量应不超过每日能量需求的10% ~ 15%，母乳中蛋白质的含量甚至更低。然而，蛋白质的作用尤为特别，因为除了为宝宝成长提供必需的营养物质以外，蛋白质还提供重要的免疫成分。一旦宝宝开始吃固体食物，富含优质蛋白质的鱼类、肉类、土豆、全麦食品和鸡蛋就应当作为其蛋白质的主要来源。建议宝宝摄入的蛋白质中，最好一半来源于动物类食品，一半来源于植物类食品，一般情况下常见的辅食产品也会遵循这一原则。

信息

母乳中隐藏的小秘密

如果妈妈在哺乳期定期食用深海鱼、菜籽油、大豆油和亚麻籽油，宝宝就可以通过母乳摄取大量的Omega-3脂肪酸。母乳中大约三分之一的脂肪来源于母亲的饮食。许多配方奶粉中也添加了这些营养成分。等到宝宝开始自己吃饭时，就必须通过饮食来调节这些营养元素的摄入。

维生素和矿物质

由于宝宝出生后第一年成长飞速，这期间他对维生素、矿物质和微量元素的需求也就极大。前四到六个月中，母乳除了无法提供足量的维生素 K 和维生素 D 以外，基本可以提供宝宝需要的一切营养元素。

维生素 K 和维生素 D

为了降低婴儿颅内出血的可能性，医院和儿科医生都会按照惯例给宝宝补充维生素 K。同时，医生会建议妈妈们在宝宝出生后第一年内都要以滴剂的形式让宝宝服用维生素 D，以预防佝偻病。如果在第一年里进行了充足的户外活动，并补充了相应的营养，宝宝之后自己就可以合成足够的维生素 D。

维生素 A 和维生素 C

维生素 A 对于宝宝的视力极为重要。母乳或配方奶喂养的宝宝在维生素 A 的摄入方面没有问题。只有那种只吃自家调制的全脂牛奶的宝宝问题较大。维生素 C 的摄入方面也存在类似情况。母乳和婴儿配方奶中含有足够的维生素 C。

预防缺铁

铁缺乏是婴儿和儿童时期最常见的营养缺乏病之一，症状包括贫血、极度疲劳和面无血色。在出生后前四至六个月，也就是完全食用母乳或配方奶的这段时间，宝宝所需的铁主要来自他在妊娠最后几个月自母体获得的储存铁，然而当储存铁消耗殆尽时，宝宝就必须开始从食物中获取铁。其中应注意的是，从动物性来源获取的铁比从植物性来源获取的铁吸收效果更好。如果在进食肉类时额外与富含维生素 C 的果汁结合，身体对铁的吸收将达到最佳的效果。

重要提示：

维生素 K 和维生素 D 的摄入

按照惯例，在宝宝出生后前三次体检时，儿科医生会以2毫克的高剂量为宝宝补充维生素K，而维生素D则要以滴剂形式补充，建议剂量为每天400～800国际单位。

锌

锌属于宝宝在辅食阶段普遍摄取过少的微量元素之一。缺锌可能会导致皮肤发生变化，甚至还会导致生长缓慢。如果你是母乳喂养，宝宝前五个月获取的锌是足够的，但断奶后必须额外进行补充。鱼类、肉类、禽类和蛋类中锌含量尤其高。

氟化物

微量元素氟化物对牙齿硬化和骨骼的形成及强化极为重要。此外，它还可促进牙齿萌出，并预防龋齿。然而，母乳和婴儿配方奶中仅含有少量的氟化物，饮用水通常也不能提供足量的氟化物。因此，建议你额外给宝宝补充氟化物（0.25 毫克 / 天）。如果饮用水中氟化物含量高于 0.3 毫克 / 升，或使用了含氟食盐，建议你最好单独进行咨询。

B 族维生素

B 族维生素复合群中包括一系列对神经系统、新陈代谢和血红细胞的形成尤为重要的维生素。不仅牛奶、乳制品和肉类中含有 B 族维生素，而且在大多数谷物尤其是全谷物中也含有 B 族维生素。

钙

钙是骨骼强健的关键。含钙的食物首先包括含牛奶的辅食和配方奶，然后是牛奶和奶制品。在宝宝出生后第二年的饮食中应当尽可能包括这类含钙量高的食物。另外，芥蓝等部分绿色蔬菜中也含有大量的钙。

磷酸钙

磷酸钙对于骨骼的形成也同样重要。不过，通常情况下宝宝对磷酸钙的摄入是足够的。

碘

大脑的发育离不开甲状腺激素，而碘作为甲状腺素的组成成分，主要存在于碘盐和海鱼中。因此，建议你在购买加盐的婴儿食品时，一定要注意其是否真的使用了碘盐。

对大脑最有益处的五种营养物质

某些特定营养物质被认为对儿童大脑发育极为重要，包括 Omega-3 脂肪酸，还有铁、碘、锌以及 B 族维生素。

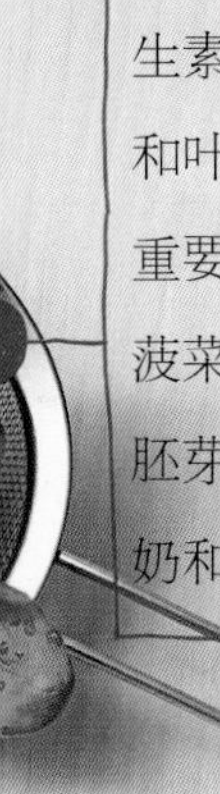

1 B族维生素中的维生素B_6、维生素B_{12}和叶酸对大脑极为重要。其来源包括菠菜、生菜、小麦胚芽以及肉类、牛奶和奶制品。

5 锌是众多酶的重要组成部分，主要来源包括红肉、蛋类、豆类和全麦谷物。

2 大脑的发育需要甲状腺激素，其形成又离不开碘。碘的来源包括加碘盐和海鱼。

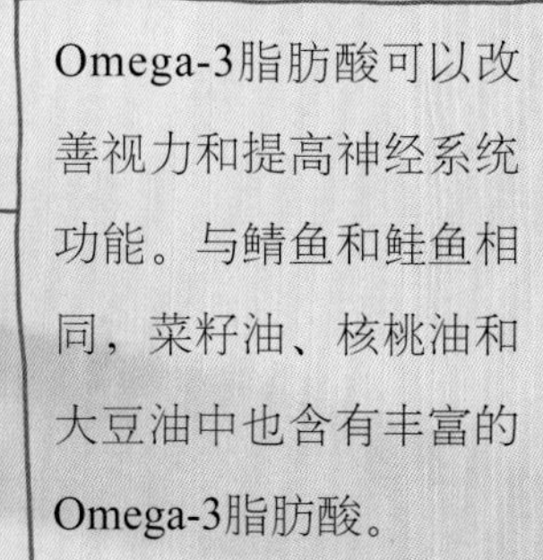

4 Omega-3脂肪酸可以改善视力和提高神经系统功能。与鲭鱼和鲑鱼相同，菜籽油、核桃油和大豆油中也含有丰富的Omega-3脂肪酸。

3 铁对于良好的大脑供氧不可或缺。铁的动物性来源包括牛肉和羊肉。小米和燕麦片则属于很好的植物性铁来源。

预防过敏

近几十年来，过敏和过敏性疾病越来越普遍，尤其是婴幼儿越来越多地被神经性皮炎、食物过敏和不耐受所困扰。这些疾病在以往十分罕见，近年却持续增加。长久以来，科学界都在尝试寻找其中的原因。然而，尽管人们一直在努力，有些问题始终没有找到答案。一旦讨论涉及与过敏相关的话题，你一定也会考虑，是否可以找到办法保护宝宝不受其干扰。事实上，现在我们已经能够及早识别过敏风险，并通过相应的预防措施避免或减少过敏反应的发生。

是什么原因导致过敏？

你可以将我们的免疫系统想象成身体的保护盾：它可以有效阻挡细菌、病毒和其他可能对健康有害的物质。而与此相反，过敏时免疫系统则会对通常无害的物质，也就是所谓的过敏原做出反应。过敏原可能是花粉，也可能是对其他人完全无害的各种食物。在过敏的情况下，身体会出现一个“错误警报”，使这些本身无害的过敏原被认为是对健康有害的物质，从而导致免疫系统产生造成敏感性的抗体。第一次接触时还不会产生过敏症状。然而，第二次接触过敏原时，就会产生下列症状：皮肤变红和发痒、流鼻涕、肚子痛或呕吐——过敏症状开始显现。

过敏的风险

如果想知道自己的宝宝是否有患过敏性疾病的风险，请首先参考自己的家族遗传史。通常情况下，如果母亲或父亲，或父母双方，或兄弟姐妹已经患有过敏症，宝宝则存在患过敏症的风险。因为宝宝可能遗传了家族中某位成员的过敏体质——身体更易于对过敏原做出过度反应。这意味着，如果你或你的伴侣或宝宝的兄弟姐妹曾经被过敏困扰过，宝宝患有过敏症的可能性会更大，但也不一定完全如此。

信息

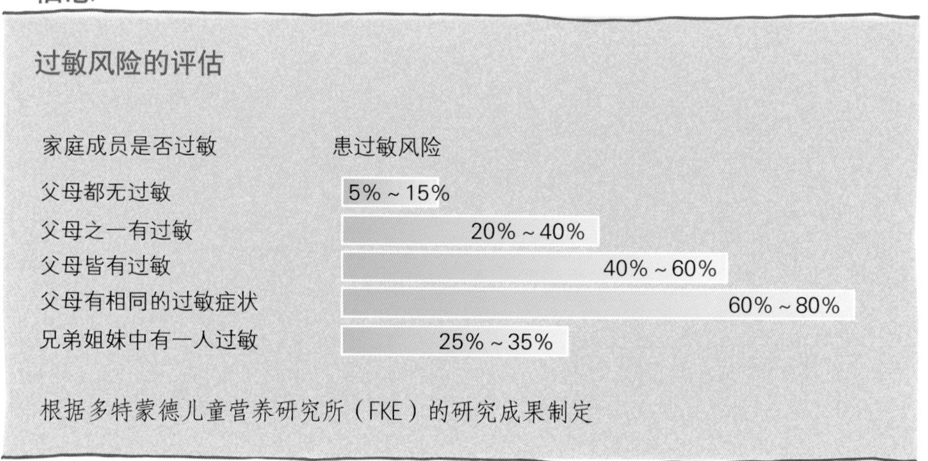

来自过敏研究的最新观点

在宝宝营养膳食的所有研究领域中，只有过敏预防研究曾经发生过180度的转变。长久以来，科学界一致认为，预防过敏的最好办法就是避免接触被认为是过敏诱因的特定食物。然而，各种研究证明，这一做法虽然可以对饮食中的可疑食物进行预防，却并未减少患上过敏症的儿童的数量。因此当前人们普遍接受以下观点：

- 母乳是婴儿头几个月最好的食品。如果你无法进行母乳喂养，请根据儿科医生的意见，采用Pre段低敏配方奶粉进行替代，这种配方奶粉专门针对容易过敏的婴儿配制。由于低敏配方奶粉味道微苦，宝宝刚开始可能会不喜欢。建议你尝试不同的品牌，直到找到宝宝喜欢的产品为止。
- 大豆食品、杏仁奶、山羊奶、马奶和绵羊奶同样不适合容易过敏的婴儿。
- 一旦宝宝开始吃辅食，就可以换成普通的婴幼儿配方奶粉来喂养。
- 容易过敏的婴儿应从第五个月，最迟第七个月开始吃辅食。第29页的饮食安排适用于出生后至一周岁的宝宝。
- 麸质也并非完全需要忌口，只要你还在配合辅食进行母乳喂养，从第五个月至第七个月开始就已经可以小分量地喂养宝宝。
- 没有什么食物是宝宝在一周岁以前必须避免的。恰恰相反，甚至有证据表明，如果你太晚或根本不给宝宝喂食某些特定食物，反而会对他的身体造成负面影响。所以，如果在第一年内就给宝宝吃鱼，甚至可能对宝宝起到保护作用。
- 宝宝六个月之后，你可以无所顾忌地使用全脂牛奶准备晚餐辅食。宝宝从一周岁起可以饮用牛奶。同时你还可以在蔬菜泥里混入完全煮熟的鸡蛋。
- 此外坚果和巧克力也已经不再明令禁止（虽然在宝宝饮食中一般不应出现巧克力）。

贯穿妊娠期和哺乳期的良好营养

首要准则：妊娠期和哺乳期请善待自己，保证良好、均衡和多样化的饮食。任何饮食方法都无法预防过敏。

如果你对饮食限制过多，反而可能会因为你自身摄入营养过少而适得其反。只有那些会引起你产生过敏反应的食品才应该被彻底放弃。

母乳喂养的保护作用

研究证实，如果可以纯母乳喂养到至少第五个月初的话，可以保护宝宝不受过敏困扰。即使你随后开始给宝宝添加辅食，母乳喂养也不应停止，而应同时进行。现在人们已经认识到，即使是有过敏风险的婴儿，首次添加辅食的时间也不应该晚于第七个月，而应当在出生后第五个月开始添加辅食。

吸烟有害！

事实证明，香烟烟雾与过敏的产生息息相关。因此，建议你尽量在怀孕之前就戒烟，并且在整个哺乳期都最好不抽烟。需要注意的是，被动吸烟也同样有害！所以，也请你和宝宝不要在吸烟者的周围停留。当然，宝宝所在的房间里更应当禁止抽烟。

请注意保持健康的家居环境

在我们的居住环境中，应当避免霉菌和潮湿的污渍的存在，尤其当有婴儿待在其中时。避免潮湿和霉菌产生的最根本办法是定期通风换气。同时，建议你尽量避免住所中聚集灰尘，尤其要注意经常藏匿灰尘的长毛绒地毯。最理想的选择是使用可擦洗的地板。此外，也应当尽量避免将宠物关在住所内。宠物的毛发和皮屑在某些情况下也会诱发过敏。

信息

辅食——没有什么不可以

当你最早于第五个月初、最迟于第七个月开始为宝宝添加辅食时，你完全可以从单一的一种蔬菜开始（参见第73页）。按照当今科学研究的成果，即使是有过敏风险的婴儿，也没必要一开始就放弃食用某些特定食物，而是可以放心地体验各种口味。

最初的食物——奶

母乳或配方奶粉，无论你选择哪种喂养方式，
以下信息和小贴士都可以帮助你，
确保你的宝宝吃得饱饱的。

妈妈的乳汁是最好的食物

对宝宝来说，没有什么食品比母乳更好。虽然现在所有工业化生产的配方奶粉都在“复制”母乳的成分，但作为原版的母乳却是无可比拟的。母乳的功效在于，它可以在整个哺乳期不断适应宝宝的不同需求。在婴儿出生后一至三天，母体会分泌一种初乳，它富含免疫球蛋白和其他保护性物质，例如维生素和矿物质，而且初乳中极低的脂肪和碳水化合物含量又使之易于消化。此后的两到三周，母体会分泌过渡乳。直到大约两周以后，母体才产生成熟乳，其中含有大量的脂肪和碳水化合物，但蛋白质和对抗疾病的保护性物质相对较少。

母乳中隐藏的成分

不仅在整个哺乳期，几乎在每次哺乳时母体分泌的乳汁成分都在变化。刚开始的母乳比较稀，主要是为了可以给宝宝解渴。之后母乳中的脂肪含量将会增加，以宝宝解饿。

蛋白质、碳水化合物和脂肪

母乳主要由两种蛋白质组成：酪蛋白和乳清蛋白。酪蛋白是一种结构粗糙的凝乳，而乳清蛋白的结构精细得多，相应地更容易被宝宝的机体消化。与牛奶不同，母乳中的乳清蛋白含量比酪蛋白高很多。这意味着，与基于牛奶配制的配方奶相比，宝宝更容易消化母乳。

母乳中最重要的碳水化合物是乳糖，通过乳糖，婴儿可以摄取其所需总能量的约40%。此外，母乳中含有的低聚糖，可以保护婴儿的肠胃免受感染。

母乳中的脂肪含量也极高，以至于可以提供新生儿能量需求的约50%。母乳中含有的不饱和脂肪酸比牛奶高得多，其中，最值得一提的是多不饱和脂肪酸（Omega-3 脂肪酸和 Omega-6 脂肪酸），它们对于成长、大脑发育和各种眼部功能都起着重要的作用，而牛奶中却没有这些成分。

母乳中不包含：维生素 K 和维生素 D

除了维生素 K 和维生素 D，母乳中其他维生素和矿物质的含量都极为充足。因此，必须额外给宝宝补充维生素 K 和维生素 D。

小贴士

母乳喂养的优点

- 母乳可以完全适应婴儿刚出生几个月时的需求。
- 母乳喂养随时可以进行，温度适合，无须任何成本，卫生方面也极具优势。
- 母乳喂养的婴儿腹泻的概率较低，体重基本不会超重，并且患中耳炎的概率也会降低。
- 母乳喂养可以促进子宫恢复。

母乳喂养——如何进行

幸运的是，几乎每位女性都可以为自己的宝宝哺乳。对宝宝来说，母乳正是我们可以想象到的最好的初始食物。为了使母乳喂养从一开始就顺利进行，妈妈需要在分娩前就对此进行了解并在实际中为哺乳做好准备。

准备工作就是一切

- 建议你在附近寻找一个母乳喂养交流小组，在那里你可以与别人交换意见。
- 建议你找一位助产士，在你有疑问时帮助你，并负责你的产后恢复护理。
- 建议你考虑一下最想在哪里进行哺乳，并将那里布置得舒适一些。另外，哺乳枕头可以打造一个轻松的哺乳姿势，对你进行母乳喂养很有帮助。
- 一般情况下两个哺乳文胸就足够了。建议你考虑比当前尺码大两号的文胸，并购买透气性好的防溢乳垫以吸收溢出的乳汁。
- 因为涨奶的缘故，你有可能需要在宝宝两餐之间将母乳吸出来。手动吸奶器将会有所帮助，建议你在药房或专业经销商店购买。
- 即使你想母乳喂养，但为了以备不时之需，也建议你在家留有带小奶嘴的奶瓶备用。

需求量决定母乳分泌量

为了使母乳分泌充足，每次宝宝希望吃奶时，你都应当给他喂奶。刚开始 24 小时内有可能需要喂养 10 ～ 12 次。有时甚至有必要把宝宝叫醒吃奶，例如在宝宝体重增加过少和由于黄疸造成宝宝皮肤发黄时，以及刚开始你

信息

我的宝宝吃饱了吗?

如果精心喂养，吃饱的婴儿看起来总会健康而满足，并且很少哭。一般情况下，宝宝每天尿布会湿5～6次，排泄的尿液是浅色透明并基本无味的，粪便是黄色并松散柔软的。如果符合这些标准，你也就不需要为宝宝称量体重。如果你想完全放心，那么标准是：头三个月宝宝的体重应当每周增加150克左右。

的胸部因涨奶而太痛的情况下。喂得越多，身体分泌的母乳就越多，所以人们也称之为“随意”哺乳，也就是按需哺乳。母乳喂养的积极作用是：如果每次宝宝产生饥饿感而希望吃奶的时候你就立即喂他，那么在宝宝胃口很好的猛长期，你的身体可以迅速调节，以提高母乳分泌量。

母乳喂养是如何操作的

建议你让宝宝先在一侧吃10～15分钟。一旦宝宝自己松开乳头，就可以把他竖抱起来拍嗝。之后换另一侧让他吃，直至宝宝自己松开乳头。此时，如果再次把他举起拍嗝，对宝宝而言是非常有益的。需要注意的是，下次喂奶时应当从上次喂奶结束的一侧开始。

在刚开始的几周里尤其重要的是，让宝宝在每一侧吃奶都吃到他自己松开乳头为止，只有这样才可以确定宝宝摄取到了富含脂肪的后奶。几周之后你会发现，喂奶的时间有所缩短，宝宝现在已经可以如此强有力地吸吮，以至于无论时间长短都可以吃足营养丰富的后奶了。

猛长期

在第七天至第十天、第四周至第六周以及第十二周左右，你的宝宝可能会经历通常的猛长期。这期间他会比平时吵闹，你也可能会感觉宝宝没有真正吃饱。此时的解决办法是，宝宝要更频繁地吃奶，因为他更容易饿！因此，建议你在此期间提高喂奶频率，以提高母乳分泌量。几天之后母乳的供需会重新达到平衡。

母乳喂养的姿势

无论采用哪种喂养姿势，你都应该通过你的身体、空闲的手或一个折叠的婴儿抱毯为宝宝的脚提供支撑，并确保宝宝的双手可触摸到你的胸部。

信息

母乳中的有害成分

近年来母乳中存在的有害成分已经显著减少。因此，在宝宝出生后的前几个月你可以放心地进行母乳喂养。

采用摇篮式哺乳时宝宝紧贴妈妈的肚子，小脑袋和身体呈直线状。

摇篮式

采用这种姿势时，可以使用一个枕头支撑你的手臂，使宝宝的身体紧贴你的身体。在哺乳时，你的一侧手臂放在宝宝头部下方并与宝宝身体平行，手臂自然向下伸展以托住宝宝的臀部或大腿。空闲的手用来托起乳房——拇指和其他手指形成一个C形并将乳房轻轻上托。等宝宝的嘴达到乳头的高度时，用乳头触碰他的下唇。这样宝宝会张开嘴开始吸吮。然后你可以将宝宝抱得更紧一些。

橄榄球式哺乳对于堵奶的情况有帮助，可以排空堵奶的区域。

橄榄球式

采用这种姿势时，宝宝躺在你的上臂下方，身体和双腿紧贴你身体的一侧并伸向身后。你需要用一只手托住乳房，另外一只托住宝宝头部颅底，同时用手臂支撑宝宝的背部。宝宝的头部应正对你的乳房，这样你可以轻轻地把他托近。重要提示：宝宝需要空间放双腿，他的身体必须紧贴你的身体，这样可以更好地排空腋窝附近的乳腺。

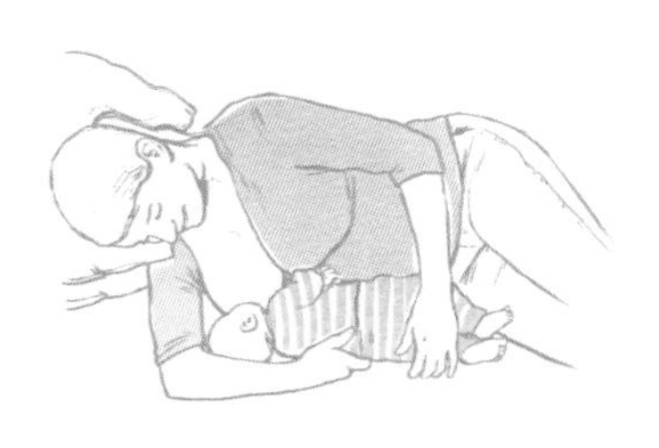

采用侧卧式哺乳时妈妈可以休息或睡觉，尤其适合夜间喂奶。

侧卧式哺乳

侧卧式哺乳适合夜晚或哺乳期间妈妈需要休息的疲惫时刻。重要的是，宝宝应侧躺，并使他的腹部和你的身体紧贴在一起。为了避免宝宝翻向背部，可以在宝宝背后垫上一个小被卷支撑。你也可以在头部下方放个枕头，这样会更加舒适。

成功的哺乳

通过以下小贴士，你可以把母乳喂养变得很轻松。妈妈和宝宝之间可以营造温暖的亲密感，共同享受和谐的哺乳时光。

1. 只要宝宝饿了就喂奶，因为只有这样母体才可以分泌出宝宝生长需要的母乳量（按需哺乳）。
2. 由于每次哺乳期间母乳的成分都在不断变化，刚开始比较稀，之后才富含脂肪，因此，宝宝应该在每侧乳房至少吃奶15分钟。
3. 如果想要让宝宝停止吸吮，以停止哺乳或重新换下宝宝姿势，你可以小心地将一根手指推进宝宝的嘴和乳头之间。
4. 每次哺乳结束后，建议你让乳头在空气中自然晾干。婴儿的唾液和母乳中都含有治愈成分，可以让有伤口的乳头迅速愈合。
5. 为了防止乳头受伤，请确保吃奶时宝宝不是仅仅在吸吮乳头，宝宝的嘴应该含住大部分乳晕。
6. 每次都应让宝宝先把一侧的母乳吃空，然后再将他放到另一侧。在后吃的一侧应当让宝宝吃到他自己松开乳头为止。下次喂奶时则从上次结束的一侧开始。
7. 只有在医生要求的情况下，才需要额外添加奶粉。足月出生的婴儿在刚出生的几天体重减少10%以内都是正常的。之后，在宝宝出生的前三个月内，宝宝的体重应当每周增加约150克。
8. 精神或体力方面的压力都会导致妈妈回奶，因此，请你最好照顾好自己，如果能享受旁人的照顾则更好。
9. 建议你保持多样化且均衡的营养摄入，避免极端地减肥。
10. 建议你每次哺乳时喝一杯水。喝水可以促进母乳的生成。没有必要喝特殊的下奶茶。

解决哺乳难题

各种不同的原因都可能导致母乳喂养时的疼痛，例如堵奶、乳头受伤或者错误的喂奶姿势。然而，无须担心，每种情况都有相应的解决办法。

乳头受伤

乳头受伤往往是由于喂奶姿势错误，使宝宝只是将小部分乳晕含在口中。尽管如此，还是请尽量多给宝宝喂奶，只是要确保宝宝不仅把乳头，而且把大部分乳晕含在口中。同时，建议你采用不同的喂奶姿势，以缓解受伤部位的疼痛。另外，使用毛巾热敷乳房可以扩张泌乳管，从而使乳汁分泌更通畅。

堵奶、乳腺炎

如果没有彻底排空一侧乳房，就可能会导致堵奶。这时，乳房的某个位置会发硬，进而产生红肿现象。常见的原因是喂奶次数太少或胸罩过紧压迫胸部。此外，精神方面的问题有时也会导致堵奶。重要的是，在发现症状后第一时间采取正确的措施：用堵奶的一侧给宝宝喂奶，并让宝宝的下巴贴着疼痛的部位。此外，也可以用热敷（冲热水澡或热毛巾）的方式促使乳汁流动。哺乳后则需要用一块毛巾冷敷发炎部位。如果一两天之后还没有改善，则应及时咨询医生或助产士，不然的话，有可能会导致乳腺炎。

吸吮问题

如果宝宝没有正确地吸吮，也会导致哺乳时的疼痛。这种情况下请避免使用奶瓶喂养，也不要让宝宝使用奶嘴，因为这两种方式都可能会导致“乳头混淆”，进而引起吸吮时的疼痛。此外，给宝宝喂奶时，请你一定注意采用正确的姿势。

小贴士

母乳喂养和吸奶

如果发生堵奶的情况，建议你无论白天还是夜晚都要经常将乳汁排出。请你尽可能频繁地给宝宝喂奶，必要时还可以额外使用吸奶器。

断奶

断奶应尽可能温和地进行，尤其是如果你在短短数周或数月之后就希望断奶。这种情况下，建议你每周最多用一顿配方奶代替一次母乳喂养，以便给身体足够的时间来减少母乳分泌量。请你向助产士或儿科医生咨询哪种配方奶粉适合你的宝宝。

一旦你开始为宝宝添加辅食，宝宝自身也不会想要保持原来吃奶的频率和食量。如果你的宝宝符合这种情况，建议你可以采取“不主动喂奶，也不拒绝”的方法来告别母乳喂养，这样对你和宝宝来说都无压力。你的身体会因为需求的减少而迅速做出调整，降低母乳的分泌量。在断奶结束以后，乳腺也会缩小至初始大小。

然而，我们更建议你伴随辅食继续哺乳，例如早上和晚上在床上各进行一次温馨的喂食。当然，这应该在你和宝宝都因此感到愉悦的情况下进行。此外，世界卫生组织建议，在最初六个月内应给予宝宝纯母乳喂养，此后则应伴随辅食进行母乳喂养。

小贴士

辅助性措施

如果出于健康原因需要迅速断奶，你可以从医生那里获取抑制乳汁分泌的药物。在这种情况下，下列措施还可以为你提供额外的帮助：

- 减少液体摄入量，因为摄入得液体越少，分泌的母乳就越少。
- 此外每天可以分三到四次饮用一杯鼠尾草茶，因为鼠尾草茶可以减少母乳分泌。
- 建议你对胸部进行冷敷，以限制血液循环，而且还可防止堵奶。
- 如果你的胸部仍然疼痛，建议你小心地挤出母乳或用吸奶器将母乳吸出，直至疼痛减缓。

奶瓶喂养

原则上来讲，母乳喂养对于宝宝来说是最理想的选择，因为母乳最完美地匹配了婴儿的营养需求。然而，即使你不能用母乳喂养宝宝，也无须担心：现代的配方奶粉可以为宝宝提供健康成长所需的一切营养元素。

此外，如果能确保奶瓶喂养在轻松、充满爱意的环境中进行，并且喂奶时能将宝宝放在你的膝上或抱在怀中，那么宝宝将能感受到和母乳喂养一样的肌肤接触和亲密感。同样你也可以获益：奶瓶可以归还你的部分独立性，因为这样你的伴侣或祖父母也可以帮助喂养宝宝，而母乳喂养的母亲只有在哺乳期结束后才能享受到这种自由。

配方奶粉——早已今非昔比

母乳的最佳替代品是工业制造的婴儿配方奶粉。

虽然配方奶粉永远不可能有母乳独一无二的组成成分，但是当今的配方奶粉已经非常接近母乳。因此，即使无法获得母乳喂养的宝宝也可以得到最佳的营养保障。另外，各种越来越物美价廉的产品也使得现代人无须自制婴儿配方奶粉，而且个人也做不到，因为基于牛奶自行调配的配方奶不可能为宝宝提供茁壮成长迫切需要的多种营养成分。

每个生产商都被要求必须严格遵守关于婴儿初始和后续配方奶粉组成成分的法律法规（针对婴儿初始配方奶粉和后续配方奶粉的欧盟法令）。这些规定至关重要，因为只有这样才能保证配方奶粉中含有婴儿每天需要的所有营养成分和能量。

保证无有害物质残留

此外,欧盟婴幼儿食品规范（2003/13/EC[2]）中包含一系列 GC（气相色谱）与 LC（液相色谱）可检测的农药，并规定此类禁用农药在婴幼儿食品中的最高含量不得超过 0.003 mg/kg，或不得超过 0.004 ~ 0.008 mg/kg 的限量。该规范被认为是目前法规中最严格的。因此，所有婴儿食品中基本不包含有害物质。

原则上所有产品都是类似的

这些严格的准则和精确的说明规定了婴儿配方奶粉中必须包含以及不得包含的成分及其含量，基于此种原因，所有婴幼儿产品都极其相似。

因此，一些生产商试图通过在配方奶粉产品中额外添加益生菌来脱颖而出，而另外一些生产商则通过添加所谓的多不饱和脂肪酸（各种 LCP）或通过“有机认证”来赢得买家的青睐。

注意“添加糖”！

选择适合的配方奶粉时必须考虑到的一个标准是，所选择的配方奶粉中除了乳糖外不应该含有其他种类的糖。虽然立法机构允许配方奶粉中含有特定数量的“添加糖”，但是“添加糖”有百害而无一利，还对宝宝的牙齿有害。大多数情况下，你可以在包装背面找到配方信息。

信息

益生菌

众所周知，乳酸菌或双歧杆菌有益于健康,它们存在于酸奶、凝乳或酸菜中。但如果数量不足，它们仍不能逃脱胃酸的攻击。因此，人们培育了更加强大的益生菌种并将其添加至酸奶制品中，使其在胃酸的作用下仍然能到达肠道，并在那里发挥积极作用。然而，在婴儿配方奶粉中添加此类物质是否真的有益处，尚未得到明确证实。

信息的重要性

建议你在孕期就适当了解下配方奶粉的不同种类。如果你已经选定某一种，你可以提前为宝宝准备两包。如果你尚未确定，则可以采纳诊所的推荐。请参考第 37 页，如果你的宝宝有极高的过敏风险，则建议你到诊所找儿科医生进行咨询。

卫生条件必不可少

由于宝宝在出生后的前六个月内对细菌特别敏感，所以卫生至关重要，请你每次都为宝宝喂食新鲜冲调的配方奶粉。同样，也建议你不要每天早上冲调好全天的奶粉，而在之后加热给宝宝食用。因为冲调好的配方奶粉就像细菌的温床，会导致宝宝腹泻和呕吐。每次食用后剩下的奶粉必须倒掉，不能二次给宝宝饮用。同时，建议你最好将冲调配方奶粉使用的矿泉水放入冰箱保存。

此外，每次喂奶后都必须将奶瓶和奶嘴彻底清洗并晾干收纳。一般情况下，奶瓶和奶嘴无须用沸水消毒。根据最新的研究成果，这样做并无益处。但橡胶奶嘴较为特殊，由于更容易漏气，所以应该经常用沸水消毒或经常更换。

通常情况下，使用自来水即可调配奶粉。但是，如果居住的公寓使用的是老旧的铅水管，则最好使用宝宝食品所规定的矿泉水。如果你家喝的是井水，为了安全起见，请在使用前测试其相容性，或者直接使用适合冲调婴儿配方奶粉的矿泉水。

为奶瓶喂养做好充足的准备

只需稍加计划和准备，你就可以享受到和谐放松的奶瓶喂养时光。这样，等到宝宝感到饥饿时，一切都将得心应手。

婴儿初始配方奶粉

随着配方奶粉市场的不断发展，必须具备一定的基础知识才可以看出其中的门道，在林林总总的产品和名称中做出正确的选择。

原则上讲，配方奶粉可分为婴儿初始配方奶粉（Pre段配方奶粉和1段配方奶粉）和后续配方奶粉（2段配方奶粉和3段配方奶粉）。其中，婴儿初始配方奶粉（Pre段和1段）专门用于喂养新生儿和出生4～6个月的婴儿。而此后直至宝宝满一周岁之前，初始配方奶粉也可以在喂食辅食的同时，给宝宝饮用。

重要提示

请避免给宝宝饮用自制的配方奶！

在这里想要提醒大家，不要按照Droese和Stolley的配方自制配方奶，也就是在牛奶中注入水，添加碳水化合物和脂肪。因为对于婴儿来说，牛奶不易被消化，并且缺乏对成长极为重要的维生素，完全不适合婴儿饮用。

Pre段配方奶粉

Pre段配方奶粉尽可能复制了母乳的成分，因此是你最好的选择。

Pre段配方奶粉中的蛋白质完全得到了“修正”，也就是根据母乳中蛋白质的含量进行了适应性调整。和母乳一样，Pre段配方奶粉中唯一包含的碳水化合物是乳糖，因此Pre段配方奶同样很稀。

当今人们已经意识到母乳中含有的多不饱和脂肪酸对于新生儿发育的重要性，因此许多配方奶中逐渐添加了这种成分。

Pre段配方奶粉的名称中总是带有“Pre”这个单词加以区分，例如爱他美Pre、贝巴Pre、喜宝Pre等。

有可能进行按需喂养

Pre段配方奶粉最大的优势在于，在前四至六个月，你可以像母乳喂养一样“随意”喂食宝宝。也就是说，你无须牢记特定的数量和时间间隔，只要宝宝饿了就可以喂奶，并且之后作为辅食的补充，整个第一年中你都可以喂宝宝喝Pre段配方奶粉，而不用担心过度喂食。

1段配方奶粉

这种婴儿初始配方奶粉不能按需喂养，因为除了乳糖，它还含有淀粉等其他碳水化合物，会让宝宝长时间处于饱腹状态。此外，由于此类配方奶粉中的蛋白质含量不一定与母乳中的含量一致，建议在喂养宝宝时务必根据包装上的说明来冲调奶粉。购买1段配方奶粉时，建议你仍要关注的是，在宝宝前四至六个月仅选择不添加额外糖类（蔗糖、麦芽糖、葡萄糖）的奶粉。1段配方奶粉的区分特征：名称中带有“1段”(爱他美1段、贝巴1段)。

后续配方奶粉

后续配方奶粉指2段配方奶粉和3段配方奶粉。你可以紧接初始配方奶粉之后喂养后续配方奶粉，但不是必须。后续配方奶粉中含有大量的糖，对宝宝来说是多余的。此外，由于这种奶粉不能完全满足宝宝的营养需求，因此必须在添加辅食的同时给宝宝食用。

2段配方奶粉

针对从出生后第七个月开始的年龄段，专家们也开发了专门的奶粉类型。然而，迄今为止，从营养学的角度来看，并没有必要用后续配方奶粉替代婴儿初始配方奶粉，因为后续配方奶粉中的糖含量比婴儿的需求量高太多。如果没有严格按照制造商的说明喂食，后续配方奶粉可能隐含过度喂养的风险。同样，通过名称中的“2段”可以区分此类产品。

重要提示

请选择不含谷物的夜间奶粉！

有些厂商专门为夜间提供安睡奶粉或晚安奶粉。因为这种奶粉含有更多的碳水化合物，所以可使宝宝长时间饱腹。请注意选择不添加谷物的夜间奶粉，因为长期食用的话谷物会伤害宝宝的牙齿。

3段配方奶粉

在喂养2段配方奶粉之后，最早可以从第十个月开始喂养3段配方奶粉。根据制造商的说法，此类奶粉的成分符合成长中的宝宝日益增加的营养和能量需求。然而，3段配方奶粉也必须在喂食辅食的同时喂养。通过名称中的“3段”可以区分此类产品。在宝宝出生一年以后，则不再需要特定的儿童配方奶粉。

低敏配方奶粉（HA配方奶粉）

如果可以在前几个月的时间里对有过敏风险的婴儿进行纯母乳喂养，则可以最有效地避免或降低婴儿患上过敏症的可能（参见第38页）。然而，如果你的宝宝有过敏风险，而你无法进行纯母乳喂养，你也可以选择所谓的低敏配方奶粉（HA配方奶粉）替代母乳。

成分接近母乳

如果你认为某种低敏配方奶粉适合你的宝宝，建议你最好咨询一下儿科医生。医生将告诉你选择这种配方奶粉是否有意义和有必要。因为只有在医学方面真正需要时，才应当选择低敏配方奶粉。低敏配方奶粉同样以牛奶为基础，但其中所含的蛋白质经过不同过程的处理，已经被分解为小分子，使宝宝的身体不再将其视为有害物质，以避免诱发过敏或强烈的过敏症状。和其他婴儿配方奶粉一样，也有低敏婴儿初始配方奶粉（低敏Pre段配方奶粉，低敏1段配方奶粉）和低敏后续配方奶粉（低敏2段配方奶粉），后者可以从第六个月开始，配合辅食喂养。

口味大打折扣

蛋白质的分解导致低敏配方奶粉味道微苦。但是如果你的宝宝在此之前还没有尝试过其他味道，接受这种味道对宝宝来说也就不难。因此，请一开始就使用低敏配方奶粉喂养宝宝，在此期间也不要喂他别的。重要提示：任何情况下，请务必不要为其增加甜度，无论使用糖、甜味剂还是蜂蜜！

过敏和不耐受儿童的配方奶粉

宝宝对Pre段配方奶粉和特殊的低敏配方奶粉都不耐受的话，可能存在多方面的原因。如果你发现宝宝经常表现出不耐烦、不高兴、没有胃口

重要提示

替代配方奶粉

大豆配方奶粉和基于山羊奶、马奶或其他动物乳品的配方奶粉不适合用来预防过敏！

或腹泻，一定要向你的儿科医生进行咨询，以便医生确认你的宝宝是否对某种食物不耐受。如果确实如此，作为替代品，还有一些种类的婴儿配方奶粉可供你喂养宝宝时进行选择。

针对牛奶蛋白过敏的宝宝

如果你无法进行母乳喂养，而且宝宝对牛奶蛋白过敏，你需要一种比低敏配方奶粉中的蛋白质分解得更为彻底的特殊配方奶粉。但是，这样一来这种奶粉味道更苦。

市场上也有一些产品并非基于牛奶而配制。最常见的是基于大豆的配方奶粉，其中虽然不含牛奶，但仍旧对此类宝宝不完全适用。因为对牛奶蛋白过敏的宝宝中，有差不多三分之一的宝宝同时对大豆蛋白过敏。

其他配方奶粉

对于宝宝的不同症状，市场上有些公司所提供的其他配方奶粉可能会有所帮助，包括生产商推荐的适用于某些症状（例如宝宝吐奶、肠胀气或便秘）的配方奶粉。请你向儿科医生咨询后再使用此类产品，因为这些不适一般情况下都是短暂出现并且无害的。在这种情况下，通常一些简单的家庭常备药，以及助产士和儿科医生的小技巧或小窍门就可以帮助到你。因此，多数情况下并没有必要采用特殊配方奶粉。如果婴儿已经习惯普通奶粉的味道，特殊配方奶粉反而会对宝宝造成口感上的困扰。

信息

低敏配方奶粉是否适用于牛奶蛋白过敏的情况？

对于已经患有急性牛奶过敏的宝宝，建议同样不要喂养低敏配方奶粉。在这种罕见的情况下，需要一种特殊的配方奶粉，其中的蛋白质由于进一步地分解，使孩子的身体不再将其视为过敏原。请你向你的儿科医生咨询，他将为你推荐一种适合你的宝宝的配方奶粉。

奶瓶喂养——体验亲密感

即使你选择了奶瓶喂养，也无须担心。可能有许多原因导致你放弃母乳而选择了奶瓶喂养。无论是健康原因，还是其他个人原因，担心都是多余的！与母乳喂养时宝宝吸吮乳房的感受相同，每次用奶瓶喂养宝宝时，同样可以让宝宝体会到妈妈的亲密和爱抚。

重要提示：

多一些亲密感和皮肤接触

建议你每次喂奶时都为你和宝宝单独保留几分钟的时间——找个舒服的坐姿，将你的小宝贝放在膝部，让他尽可能紧密地依偎在你的怀中。因为对于宝宝来说，最重要的是来自妈妈的关爱和皮肤接触，以及充足的休息。此外，奶瓶喂养的话，爸爸也可以给宝宝喂食。这样，你可以从一开始就分配好照顾宝宝的任务，你的另一半也可以早早地和宝宝建立一种亲密而深厚的关系。

小贴士

宝宝肠痉挛的紧急治疗办法

许多婴儿在刚出生的几个月里会遭受痛苦的肠痉挛：他们会不停哭闹，小腿乱踢乱蹬，全身痉挛，而且很难平静下来。原因可能多种多样，然而，一般情况下，以下措施会有所帮助：

- 喂食时可以将宝宝头部抬高一些，以免宝宝喝奶时吸入太多空气。吸入空气可能会引起肠痉挛。
- 每次喂奶后都要给宝宝拍嗝。
- 宝宝腹痛时，使用飞行姿势抱他，也就是用你的前臂环绕放于宝宝的小肚子下方，并轻柔地按摩腹部，这个动作可以起到安抚作用。
- 热水澡或使用兰芹籽油轻柔地按摩也可以缓解腹痛。
- 轻轻地用宝宝的大腿按摩他的小肚子。

奶瓶喂养的准备工作

虽然母乳是随时可供宝宝饮用并且完全没有病菌的最佳选择，但是，如果你牢记以下与准备工作相关的十个小贴士，宝宝也会很容易接受你所准备的配方奶的。

1. 奶粉开封使用后尽可能立刻密封严实，并且置于冰箱以外的阴凉处存放。
2. 用自来水冲调奶粉时，请在打开水龙头后，先放水几分钟，直至流出的完全是冷水时再开始接，然后将其加热至30～40℃。最初的几周内，你可以将水煮沸后放凉。如果你使用合适的矿泉水冲调婴儿奶粉，请在每次使用后将剩下的矿泉水保存于冰箱中。
3. 请你每次都重新冲调婴儿配方奶粉，因为喝剩下的奶粉会成为病原体的温床，切不可重新使用。
4. 外出时，请出门前在家将水煮沸，然后放入婴儿专用的小保温瓶中。同时，请单独携带奶粉，并在外现场冲调。
5. 请你严格遵守生产商的推荐剂量。为保证准确的食量，冲调时需要刮平量勺。
6. 你可以滴几滴冲调好的奶到手背上，以确保35～38℃的饮用温度。
7. 如果使用微波炉热奶，请务必更加仔细地检查温度——有可能奶瓶外面还是凉的，但里面已经是滚烫的。因此，在检查温度之前，请认真摇匀或彻底搅拌。
8. 如果将奶瓶倒转过来，奶水呈缓慢的水滴状，则表示奶嘴的大小适宜。
9. 请勿忘记，奶瓶喂养时，在喂奶过程中要时不时停下来给宝宝拍嗝，喂奶结束时也要给宝宝拍嗝。如果宝宝喝奶很快，拍嗝就更为重要。
10. 清洗奶瓶时，请使用奶瓶刷和温和的清洗剂，并在流动的温水下清洗。奶嘴也必须彻底清洗，然后晾干存放，直至下次喂奶。

对固体食物的兴趣

在第五个月到第七个月之间，
大部分宝宝开始对大人的食物感兴趣，
这时可以开始试着添加辅食和使用汤匙了！

从此开始使用汤匙！

尽管母乳喂养和奶瓶喂养是如此美好，然而几乎每一位母亲都在焦急地盼望宝宝第一次用汤匙吃固体食物的那一天。这个时间最早出现在第五个月初，最迟出现在第七个月初。首先，宝宝会得到所谓的辅食，即除了母乳和配方奶以外，宝宝可摄入和消化的所有食物。你可以通过各种不同的信号来判断，宝宝是否已经做好了探索泥糊状食品的准备。有些宝宝此时已经完全痴迷于成年人的饮食，用贪吃的目光追随着每一勺消失于父母口中的食物。而有的宝宝还依恋着母亲的乳房，只是在犹豫不决地准备开始接受汤匙。

添加辅食的时机成熟

你是否留意到，宝宝已经做好第一次吃泥糊状辅食的准备了？这种情况下，你应当遵从儿童营养研究所和青少年医疗协会营养委员会的建议，逐渐用辅食代替一天中的三次母乳或配方奶喂养。

身心发育水平具有决定性意义

宝宝的身心发育水平对于添加辅食的成功具有重要的意义。通常从第五个月开始，宝宝可以用舌头将食物从口腔前部送往上颌。宝宝此时对各种有趣的东西非常感兴趣，什么东西一到了他们手里，就会被放进嘴里深入研究一番。此外，宝宝此时已经可以安全地支撑自己的小脑袋了，他的肠道和肾脏也发育得足够成熟，可以消化更稠且更多样化的食物。

大概六个月的时候，宝宝已经可以很好地向你展示他想要什么了。如果看到对他有吸引力的食物，宝宝会充满期待地张开嘴巴并且身体前倾。反之，如果他很饱或者他不喜欢某些食物，他会向后靠并且紧闭嘴巴。

开始补充喂养

如果宝宝做好了吃固体食物的准备，那么你就可以在第五个月或第六个月谨慎地开始，在每次喂完母乳或配方奶后补充一顿泥糊状辅食，并在不久之后用泥糊状辅食代替母乳或配方奶。在本书第67页可以找到帮助你成功开始的最佳建议。从第90页开始，可以找到相应的食谱和帮助信息。

信息

正确的时机

每个婴儿首次添加辅食的时机都不尽相同，辅食添加的“开端”应当由宝宝是否满足以下几点来决定：

- 宝宝已经满四个月。
- 宝宝可以独立支撑自己的头部。
- 宝宝吐舌反射减弱，并且不再自动将所有喂给他的食物顶出嘴巴。
- 宝宝开始对餐桌上的食物感兴趣，并且想要和大家一起吃。

以泥糊状食物开始添加辅食

如何给宝宝制作出第一顿可口的泥糊状食物？你将在下文中找到循序渐进的说明。这样宝宝会逐渐适应添加的辅食，他的小肚子也将乐在其中（更多信息请参见第90页之后的内容）。

- 最简单的方法是，在开始时只使用一种蔬菜。胡萝卜、南瓜或西葫芦对于刚摄入辅食的宝宝极为适合，因为它们很容易被消化。
- 请选择宝宝睡饱了且心情愉悦的时候作为第一次添加泥糊状食物的时间。绝对不能选择宝宝饿哭或者情绪激动的时候。如果此时你仍在母乳喂养，你可以先让他吃一侧乳房垫垫肚子，然后准备好迎接新的体验。
- 开始时准备的数量为不满2～3茶匙即可，并请你做好心理准备，宝宝会用舌头将大部分食物重新推出嘴巴。因为他还需要学习如何用舌头将泥糊送往口腔后部然后再咽下。
- 请你在前四至六天使用与开始时相同的蔬菜种类，并逐渐增加数量。由于宝宝光吃辅食吃不饱，所以，辅食之后还可以让他接着吃母乳或配方奶直到吃饱为止。
- 请逐渐增加蔬菜量，使宝宝越来越多地利用泥糊状食物充饥，这样，宝宝对母乳或奶粉的依赖会越来越小。
- 如果宝宝已经可以吃100克的蔬菜泥，你可以给他做一份蔬菜土豆泥（比例为2：1）。
- 每日逐渐增加蔬菜量，直到宝宝每顿午餐可以吃大概150克蔬菜土豆泥。一旦达到这个量，你还可以再增加20克尽量细的肉泥或为素食宝宝添加谷物。

以上建议同样适用于有过敏风险的宝宝。与过去的观点相反，推迟或避免添加特定的食物并不能保护宝宝免受过敏之苦。

信息

循序渐进

请千万不要一次添加多于一种的新食物，而是要给宝宝几天时间来适应新的口感和稠度。这样，宝宝可以逐渐认识到完全不同的口味，你也可以较早判断宝宝是否发生了过敏反应。

辅食喂养——具体操作

如果你的宝宝还不能独立坐好，你无法把他放在大腿上喂食，替代方法是将宝宝放在摇椅里喂食。这样的优点是，你的双手可以得到解放，并且在吃饭时可以和宝宝保持目光接触。

一旦宝宝可以自己坐好，应当坐在高脚餐椅上喂食。这样宝宝才会习惯在家庭餐桌旁占据一席之地。然而，无论你的宝宝坐在哪儿，刚开始都必须戴围嘴，因为刚开始宝宝只能吞下用汤匙送进嘴里的小部分食物，其他的都将从嘴里流出来。

辅食不合口味怎么办?

有的宝宝尽管到了吃辅食的年龄，却不喜欢在午餐时吃蔬菜。这时，你可以试着用几勺水果泥为辅食“添加甜度”。如果顺利的话，你可以在水果泥里面混合几勺蔬菜泥，并逐渐减少水果泥的数量，直至只剩下蔬菜。如果你的宝宝不顾各种尝试手段仍然表示抗拒，那么你应当保持冷静并稍加等待。大部分情况下，第二次尝试就会成功，并且这样也是有好处的，因为从长期来说，宝宝需要摄取泥糊状食物中的营养物质。

宝宝通过模仿来学习

宝宝也会通过模仿父母或年长的兄弟姐妹来学习吃饭。因此，即使宝宝是坐在你爱人的大腿上或在高脚餐椅中被喂食，也请你尽可能经常与你的宝宝一起进餐。这样，宝宝可以看到你如何使用餐具，如何将食物送进嘴中，以及如何处理你盘中的各种食物。

小贴士

为宝宝的独立性提供支持

不久之后，你的宝宝就会想要自己抓住汤匙。为了将混乱局面控制在一定范围内，你可以给宝宝戴上一个尽量大的围嘴，并且在婴儿餐椅下铺一张可清洗的塑料垫。

弯曲的塑料汤匙可以使宝宝更轻松地瞄准目标，另外，你还可以选择边缘凸起的塑料盘子，因为这样宝宝就无法轻易地把泥糊推出盘外。

家庭自制婴儿食品

如果你喜欢烹饪，手头又有新鲜且无污染的蔬菜，并且满足准备辅食的要求，那么你可以毫无顾虑地自己为宝宝准备辅食。自制辅食的优点在于，你可以自己决定辅食中添加的配料种类及其含量，也许还可以照顾到宝宝的口味偏好。此外，自制辅食也是更加物美价廉的选择。

重要的是，请尽量选择新鲜和无污染的原料进行加工。因为传统农业种植的水果和蔬菜经过长时间储存后，可能存在有害物质过高和营养成分太低的情况。

同样不容忽视的是，自制辅食时要严格注意清洁和卫生，以保证辅食对宝宝健康起到良好的作用。未食用的部分应当在冷却后立即冷藏或冷冻。需要注意的是，自制辅食在冷藏柜内只能保存到第二天，在冷冻柜中可以保存三个月。

储存辅食

由于宝宝每次的食量太小，尤其在刚开始时，不值得每次都单独做。建议你一次做更大份的辅食，并且分成小份冷冻。不仅辅食成品需要冷冻，单独的辅食原料也同样需要冷冻，因为手头上并不是每天都有质量符合条件的肉类。这样，你可以在需要的时候解冻肉类，与新鲜的食材一起加工成泥糊状食物。

如果需要的辅食分量很小，那么最适合使用冰块模具或制冰袋储存。因为这样解冻和制作的分量都可以更加灵活。一旦宝宝的食量稳定下来，你就可以使用沸水煮过的带盖玻璃瓶保存辅食，在零下18℃的条件下大概可保存两个月之久。

解冻冷冻辅食的最好方法是水浴法（暖奶器也很适合于此），或者在锅里用小火隔水加热。喜欢的话，也可以使用微波炉解冻。然而，无论你采取哪种方法，重要的是，一定要在食用辅食之前进行解冻，然后立刻加热并食用。辅食一旦解冻，就绝对不能二次加热，否则会滋生对宝宝有危险的细菌。

食用辅食前，请勿忘记检查温度，以免宝宝被滚烫的辅食灼伤。

制作辅食的厨房帮手

你可以使用下列最重要的厨房帮手，使辅食添加变得轻而易举。

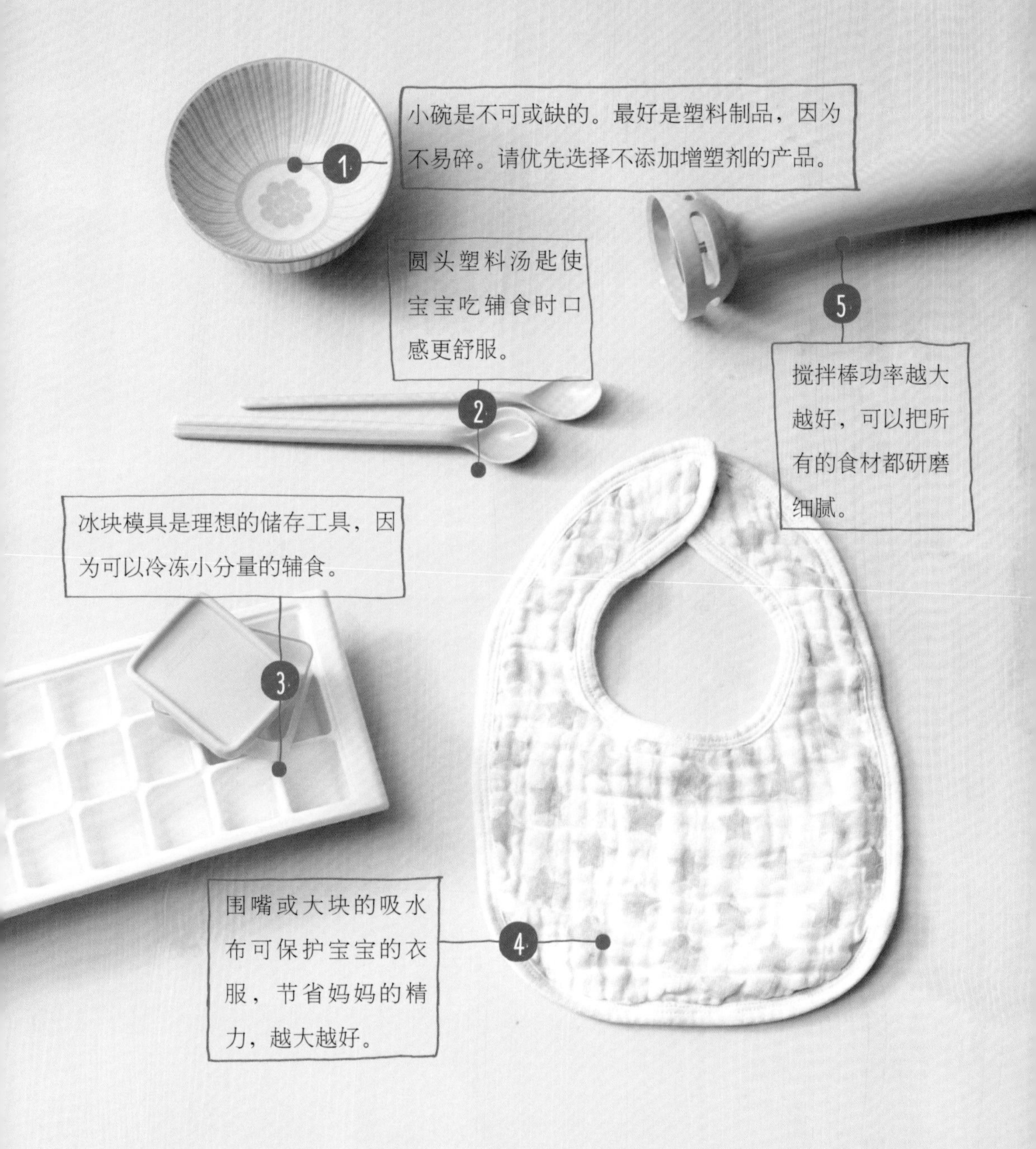

罐装婴儿辅食——营养成分全面

如果你决定在刚开始添加辅食时给宝宝喂食罐装辅食，那么基本上是不会出错的。因为在污染物和卫生方面，罐装婴儿食品大部分情况下甚至优于自制婴儿食品。因为在德国许多制造商的公司内部规定甚至比法律要求更为严格。

在工业生产的食品中，硝酸盐含量和农药及有害物污染都会经过严格的控制，因此这些相关成分的含量通常甚至比（有机）冷冻蔬菜或新鲜（有机）蔬菜中的还要低。同样，其中的原料和营养成分含量也会经过严格的质量控制，以保证宝宝能得到稳定的营养摄入。

因此，用罐装辅食喂养宝宝是完全没有问题的，尤其在刚开始，婴儿所需的用量仍很小的情况下，自制辅食基本上不划算。

然而，即使喂养罐装辅食，也可以偶尔让宝宝尝尝你的手艺：一份软面条、一份土豆泥或一份去刺鱼片都会让宝宝感到美味可口，宝宝在吃饭时也会有一种真正的归属感。

小贴士

理想状态：家庭自制辅食和罐装辅食交替喂养

与多数情况一样，这个问题的最佳答案同样是折中方案:如果你有时间和兴趣用新鲜、营养丰富且无污染的蔬菜为宝宝制作辅食，你当然应该这样做——你的宝宝会因为这份独特的美食而感到快乐。如果正好没时间或缺少原料，偶尔用罐装辅食喂养宝宝也不成问题。也许宝宝也会通过对某种食物的明显偏好为你做出选择。

购买小指南

综合性超市和药店的货架上都可以找到品种繁多的罐装辅食和泥糊类辅食。下列技巧可以帮助你为宝宝找到合适的产品，并正确辨别标签上的内容。

- **牛奶：**罐装辅食中的谷物水果泥中不应含有大量牛奶和奶制品（例如酸奶或凝乳），否则谷物中的营养成分不能很好地被身体吸收。

- **月份说明：**如果食品上注明“第四个月之后”，实际的意思是这种食品适用于从第五个月开始添加。通常情况下，看一眼配方表也会有所帮助：作为一开始添加的辅食，罐装辅食至多只能包含一到两种配料。
- **盐：**一开始作为辅食添加的罐装蔬菜泥或罐装混合辅食（如果可能的话）中应该不含盐。在针对年龄稍大的宝宝的产品中，制造商会使用碘盐，而其含量会遵守明文规定。
- **糖：**请你避免加糖的罐装辅食和泥糊状食品。糖经常藏身于诸如蔗糖、葡萄糖或麦芽糖的名称之后。此外，还应禁止添加蜂蜜、糖浆或蔗糖，因为它们对宝宝的牙齿有害。
- **配料：**请你优先选择配料品种少的泥糊状食物。例如，婴儿食品和之后的儿童食品只能含有不多于四种的配料，一般情况下，大都由一种蔬菜、土豆、面条或米饭以及肉类和脂肪组成。牛奶谷物泥只需要三种配料：牛奶、谷物和果汁。谷物水果泥在通常情况下除了水仅包含麦片、水果和成品辅食中往往缺少的脂肪。如果购买的成品辅食中缺乏脂肪，那么在喂食宝宝之前，建议你在辅食中添加一茶匙黄油或玉米胚芽油，以保证宝宝摄入必需的热量。

以手指食物开始添加辅食：婴儿主导型断奶

如果制作、储存和喂食泥糊状食物这一系列事情对你来说太过麻烦，你的宝贝又坚决抵制泥糊状食物，或者你想尝试一些新事物，那么你也可以利用婴儿主导型断奶（BLW）的方法使宝宝的固体食物变得美味可口。为此你既不需要泥糊状食物，也不需要汤匙，而只需听任宝宝自主进食。尤其在喂养第二个或第三个宝宝时，许多父母会完全采取这种方法。

婴儿主导型断奶如何进行？

此种添加固体食物的方法是完全伴随宝宝的成长而进行的。一旦你发现宝宝对你盘子里的食物产生兴趣，就可以为宝宝提供其中适合他的食物，例如一份软面条或一块煮熟的土豆，甚至煮软的蔬菜也会让宝宝兴致盎然地探索一番。

诸如西蓝花花蕾、土豆条或香蕉块等特别适合作为手指食物，因为即使在宝宝掌握夹取动作之前，他也能很容易用整个手掌抓住这类食物。宝宝刚开始可能只是拿这些食物玩耍。但慢慢地，他会触摸食物，把食物塞进嘴里吸吮，再立刻吐出来。如果你选择了以这种形式来引入辅食，那么你必须清楚的是，只有宝宝真正独立摄入了数量可观的食物时，哺乳期才可以画上句号。因为只有宝宝吃手指食物可以吃饱时，母乳或配方奶的喂养次数才可以逐渐减少。

这样吃饭有乐趣：自己决定喜欢吃什么和吃多少。

我的个人建议

采用泥糊状食物和手指食物作为辅食

个人建议你采用两种方式的组合，也就是交替提供泥糊状食物和手指食物。这样你可以享受到两种方式的优点。

这种方法的优点在于，宝宝因此有机会锻炼早期的自主性，独自探索食物并认识不同食物的不同质地。宝宝会自己认识到：一块香蕉与一朵西蓝花花蕾触感不同，而西蓝花花蕾的触感又不同于一块面包。

此外，利用这种方法你既不需要准备泥糊状食物，也不需要购买罐装辅食，可为你节省时间和精力。另一方面，你应当知晓，这种喂食方式会造成脏乱不堪的局面，并且一开始会浪费很多食物，因为有一半的食物会掉到地板上。当然，开始时宝宝从各种食物中摄取的营养物质含量也很少。

辅食喂养的最佳建议

每个宝宝都是不同的，因此，辅食的添加不能按照固定的规则进行。然而，利用一些基本的技巧，你将轻松战胜这项挑战！

1. 开始时，请使用圆头塑料汤匙喂宝宝。塑料汤匙比金属汤匙更加温暖，口感更舒服。
2. 所有的婴儿都会把辅食弄到自己身上，因此，请在宝宝进餐时选择不太娇贵的衣服，并在吃饭前给宝宝戴上围嘴。
3. 对于一开始对固体食物持怀疑态度的宝宝，坐在妈妈的腿上吃第一餐辅食感觉会很好。
4. 请充分给予宝宝耐心和时间！宝宝需要时间来学习把汤匙中的食物放进嘴里，送向口腔后方，然后吞咽下去。因此，即使一开始有可能不像你设想的那样顺利，也请你放轻松。所有宝宝总会在某个时间开始自己吃饭。
5. 在蒸锅、暖奶器或微波炉里加热罐装辅食前，请先把瓶盖去掉。此外，在喂食宝宝之前需将辅食搅拌均匀并仔细检查辅食的温度。
6. 绝对不能把已经加热过的婴儿食品二次加热喂给宝宝吃，因为加热过的食物中会滋生大量危险的细菌。如果你的宝宝还不能吃一整罐，请用一个干净的汤匙取出需要的量，然后将辅食罐密封好存放在冰箱中，但切记不能在冰箱中存放超过三天。
7. 请勿忘记给宝宝饮水！辅食中的纤维含量相比母乳高很多，因此，你的宝宝从现在开始需要更多的液体来保证良好的消化。
8. 罐装辅食中不应含有额外的盐和调料！对于成人的味觉来说，泥糊状食物有可能味道清淡，但是味觉敏感的宝宝不需要额外的调料。
9. 从第一颗乳牙萌出开始，宝宝就必须刷牙了！因此，请你每天晚上用棉签或合适的婴儿牙刷为宝宝清洁乳牙。刚开始刷牙时还不需要使用牙膏。

健康的食物

你可以选择自己制作辅食，也可以购买成品罐装辅食。然而，无论是购买的还是自制的，关键问题是，最初的辅食均需要为宝宝提供必需的维生素、大量多不饱和脂肪酸以及占宝宝日常需求中很大一部分的铜、锰、维生素 A 和膳食纤维。通过辅食中的肉类和谷物，宝宝最终可以摄入他现在急需的铁，因为你在妊娠期所储备的铁已经逐渐消耗殆尽。为了帮助你更轻松地选择正确的食物，在本章中你将找到有关蔬菜、水果和谷物的各种成分的最重要信息。此外，你还将了解到为什么应当避免某些食品在婴儿辅食中出现。

哪些食物适合最初添加的辅食？

无论你决定用泥糊状食物喂食宝宝，还是选择通过婴儿主导型断奶的方法培养宝宝的自主性（参见第69页），选择食物时都应遵守以下几点：应当耐受良好、易于消化，可能的话，最好采用有机食品。

蔬菜

如果你要自制蔬菜泥，你应当选择自家花园中没有喷洒农药的蔬菜，或者购买完全有机种植的蔬菜，因为这些蔬菜中的有害物质最少。此外，请你尽量使用新鲜的蔬菜，因为随着存储天数的增加，蔬菜中珍贵的维生素会不断流失。最适合作为最初辅食的蔬菜有胡萝卜、欧洲防风、球茎茴香、土豆、西葫芦、南瓜和菠菜。

- 胡萝卜在最受欢迎的婴儿营养蔬菜中位列前茅。胡萝卜口感微甜，并且极少引发过敏，因此，人们喜爱用它作为起始蔬菜。
- 欧洲防风与土豆一样属于球根植物。过去很长一段时间，这种植物被人们遗忘，而近年来却成为起始蔬菜的选择之一，因为欧洲防风温和且易消化。
- 球茎茴香块茎（球茎茴香）中含有多种香精油，可以调节肠道功能。这种耐受良好的蔬菜非常适用于做婴儿食品。
- 土豆是婴儿食品中不可或缺的蔬菜，因为土豆易消化，并含有重要的碳水化合物。自制辅食时每次必须把土豆中所有发绿的部分彻底切除，因为其中含有神经毒素——龙葵素。
- 西葫芦和南瓜属于近亲植物，它们基本没有刺激性并且耐受良好。南瓜越来越多地占据了罐装辅食市场，而西葫芦因为其高含水量则不适合做罐装辅食。因此，自制辅食时需要注意：请仅使用小西葫芦，因为它们含水量较少，并且比大西葫芦味道更好。

信息

胡萝卜不会引发过敏

每种新食物的添加，也包括所有可能的蔬菜的添加，基本上都意味着宝宝将接触与其身体至今尚不熟悉的陌生物质。但是，迄今为止，没有数据表明使用胡萝卜作为起始蔬菜后，婴儿容易发生过敏或不耐受的情况。

- 与过去的说法不同，与同类蔬菜相比，菠菜中的铁含量并不高。使用菠菜时始终要注意的是：烹调之后不能再次加热，否则其中含有的硝酸盐会形成有害的亚硝酸盐。
- 诸如菜花、西蓝花和球茎甘蓝等蔬菜虽然相对耐受良好，但是在某些情况下可能会引起肠胀气。因此，请你注意观察宝宝对十字花科蔬菜的反应。另外，尽管洋葱、葱和大蒜含有多种健康成分，但对于宝宝来说非常不易消化，同样会导致痛苦的肠胀气。

水果

如果你想要自制水果泥，除了香蕉，请最好购买本地有机时令水果。这样的水果有害物质含量少，并且由于运输路线短，维生素流失也较少。合适的低刺激水果主要有苹果和香蕉。另外，由于性味温和且酸度低，梨、樱桃、葡萄、桃子和杏也是值得推荐的水果。

- 苹果富含维生素C，可以促进铁的吸收，对于婴儿尤为重要。婴儿吃到的第一种蒸熟后研磨成泥的水果，

信息

制作过程至关重要

新鲜收获的有机蔬菜和水果包含大量的营养物质。为了避免制作过程中重要营养物质的流失，你应当首先把新鲜的食物清洗，然后擦干、切成小块，再加入少量水蒸熟。研磨时如果缺水，一定要加入开水稀释，这样制作好的辅食中就充满了丰富的水溶性维生素。

大都是性味温和的苹果。稍晚一些，即使在宝宝腹泻的时候，你也不必再蒸熟，只用给宝宝吃新鲜磨碎的苹果就可以。
- 香蕉在宝宝饮食中属于耐受最好、最常见的一种水果。然而由于其含糖量较高，你可以将香蕉与味酸的水果（如苹果）混合使用。与其他水果一样，和传统农业种植的香蕉相比，你应侧重选择有机香蕉。制作婴儿辅食时，请你把香蕉两端各切除1厘米，只使用中间的部分。因为香蕉皮中含有很多可延长保质期

的化学物质（尤其是传统农业种植的香蕉），这些化学物质主要集中在香蕉的头尾部分。

- 如果你为宝宝添加了其他富含果酸的水果，例如柑橘类水果，请你注意观察宝宝是否会出现红屁股。一些婴儿对芒果、奇异果或菠萝等水果不耐受。由于有很多本地水果可以代替，这种情况下你完全可以放弃使用这些水果。

脂肪

菜籽油、玉米胚芽油和其他植物油（如葵花籽油和红花籽油）中都富含珍贵的 Omega-3 脂肪酸以及重要的脂溶性维生素，尤其是维生素 E。如果你在午餐时间自制蔬菜泥或素食蔬菜谷物泥，请牢记每次在辅食中加入一汤匙或两茶匙植物油，因为油类可以促进脂溶性维生素的吸收，进而为身体提供必要的脂肪酸。你也可以使用黄油作为替代，因为黄油具有良好的耐受性。

谷物

除了能量，谷物还为身体提供重要的矿物质和维生素。在开始添加辅食时，如果你还在哺乳期，你可以给宝宝吃少量含有麸质的谷物。研究表明，这样可以降低宝宝患乳糜泻的风险。

苹果富含维生素 C，可以促进铁的吸收。

玉米中含有多种健康的脂肪酸和丰富的铁，但所含的优质蛋白质相对较少。小麦和玉米一样富含铁，但与玉米完全相反，小麦中还富含蛋白质，并且对于没有肠道问题的宝宝来说非常易于消化。燕麦作为婴儿谷物很受欢迎，因为燕麦不仅具有良好的耐受性，其营养物质含量也很高，此外，燕麦还有助于治愈胃肠炎症。如果你希望为宝宝大量补充铁，那么选择小米就对了，因为小米的铁含量大概是其他谷物的两倍。

现在，基本上所有的谷物都有相应的即食婴儿麦片可以买到，用麦片制作辅食时只需要加入牛奶、配方奶或水进行搅拌。重要提示：请避免在一开始就使用杂粮麦片！

面条

面条是众多成品罐装辅食的配料之一，大部分都由小麦粉加工而成。面条易消化并提供珍贵的碳水化合物。请你尽量选择使用全麦面条产品，其中含有更多的膳食纤维、维生素和矿物质。

信息

只能添加小剂量的食盐

请你注意，一开始的罐装辅食（纯蔬菜）是不添加食盐的。而随后就会比较麻烦，因为所有在商店买到的成品罐装辅食都含有碘盐。但是，如果自制辅食，你应该完全放弃使用食盐或只使用极少量的食盐，并且仅使用碘盐。

鱼肉

与我们位于地中海畔的邻国形成鲜明对比的是，很久以来在德国几乎买不到使用鱼肉的罐装辅食，而鱼肉可以为人体提供优质蛋白质。如果你想要为宝宝制作一份加入鱼肉的蔬菜泥，务必要注意的是，要保证蔬菜泥中完全没有鱼刺。

肉类

无论是牛肉、小牛肉、猪肉、鸡肉还是火鸡肉，所有肉类品种都可以为人体提供重要的铁，对于为宝宝补充储存铁来说不可或缺。因此你每周一定要为宝宝提供 4 ～ 5 次优质的有机肉类。

鸡蛋

在宝宝辅食中你也可以每周一次用煮熟的蛋黄代替肉类。

牛奶和奶制品

直到宝宝满一周岁之前，建议你都不要在宝宝饮食中使用牛奶作为饮品。此后牛奶也应该搭配面包给宝宝饮用，并且饮用时最好使用杯子。在此之前，只能像在牛奶谷物泥中那样，为宝宝提供少量的牛奶。牛奶辅食也可以使用婴儿配方奶制作，尤其是刚开始的时候。在宝宝满一周岁之前应当避免食用酸奶、凝乳、奶油和同类食品。

巧克力

请尽可能晚一些让你的宝宝接触到巧克力和含有巧克力的辅食，虽然最终这是无论如何也无法避免的。

信息

不要给宝宝食用蜂蜜

宝宝在出生后第一年中不能食用生蜂蜜。生蜂蜜中可能含有肉毒杆菌孢子，它们会在宝宝的肠道中形成毒素，从而导致危及宝宝生命的肉毒中毒。只有等宝宝体内的肠道菌群发育完全之后，这种病原体才不再对宝宝产生威胁。而宝宝食品中含有的蜂蜜是没有危险的，因为其中的病菌已经通过加热被杀死。

糖和蜂蜜

请你注意，宝宝在满一周岁前不需要吃糖，无论是哪一种。因此请你避免或者不要太经常给宝宝食用加糖的罐装辅食和自制辅食，因为宝宝会很快习惯并依赖甜味。此外，过多的糖对宝宝的牙齿有害。虽然蜂蜜经常被作为“健康的甜食”销售，但仍不应该用于宝宝辅食。因为和糖一样，蜂蜜会加速龋齿的形成。另外由于蜂蜜中含有花粉，所以蜂蜜有可能会引起过敏。

健康的解渴饮品

从添加一天中的第三顿辅食开始，你的小家伙就需要补充额外的液体了。因为通过固体食物，宝宝会摄入膳食纤维，而膳食纤维只有与大量液体一起进入肠道时，才能促进消化。当然你也可以从添加第一顿辅食开始，就让宝宝学着习惯用杯子喝水。从第三顿辅食起，宝宝应该每天饮用200毫升液体。重要提示：牛奶属于食物的一种，不计入液体饮用量。

理想选择：各种形式的水

通常情况下，水龙头里的饮用水也适合婴幼儿饮用，只要不是来自老旧的铅水管，并且其中的硝酸盐含量低于每升50毫克即可。除此之外，各种制造商注明了“适用于制作婴儿食品”的矿泉水当然也是可以使用的。

其他选择：茶和混合饮品

给宝宝喝茶的原则是“可以喝茶，但不能加糖”，尤其是速溶茶中经常含有糖，因此不适合婴儿（也不适合较大的儿童）。但是各种茶包和散装茶为你提供了大量选择。你也可以偶尔给宝宝喝稀释的果汁，但必须是百分之百的纯果汁，并且不包含额外的糖和调味添加剂。建议你最好把果汁和水以1∶3的比例稀释后再给宝宝食用。

我的个人建议

从杯子中喝水

请尽早让宝宝用合适的杯子饮水。尽管刚开始很多会洒出来，但是小家伙会学得很快。当你外出时，学饮杯是一个很好的选择。

要点一览

- 婴儿饮品中应当既不含糖，也不含糖替代品。
- 你应当让宝宝迅速饮用完毕，然后把瓶子或杯子放到一边。因为即使瓶子里只有水，连续的吸吮也会加速龋齿的产生。
- 请你在一天中分多次给宝宝喝水，但不要在饭前，因为喝水会让宝宝产生饱腹感。
- 请你注意检查温度：饮品应当是热的或者温热的，冰冷的饮品对宝宝无益。

关于婴儿饮品的最佳建议

虽然到目前为止，你一直在用纯母乳或 Pre 段配方奶喂养宝宝。但是，从添加第一顿辅食开始，宝宝也需要喝其他的饮品。你可以注意观察，以保证你的宝贝摄取了足够的液体。

1. 水是最好的解渴饮品，它可以保护牙齿，而且不会留下牙渍。建议你最好让宝宝自己用杯子饮水。或者让他用学饮杯饮水。
2. 如果你想要让宝宝饮用果汁，请你只使用不加糖的纯天然浓缩果汁，至少以1：3的比例稀释。
3. 为了宝宝的牙齿，请你只为宝宝提供不加糖或糖替代品的饮品。
4. 你可以毫无顾虑地使用婴儿花草茶茶包或散装茶叶。
5. 请不要让宝宝连续吸吮奶瓶，因为即使里面只有水，连续的吸吮也会加速龋齿的产生。
6. 请让宝宝迅速饮用完毕，然后把瓶子或杯子放到他够不着的地方。
7. 请尽早让宝宝适应学饮杯，这样不久后他就能学会使用杯子了。
8. 请在一天中分多次给宝宝喝水，以保证他摄取了足够的液体。
9. 为了保证宝宝摄取了足够的液体，每吃一汤匙辅食，紧接着就应当喝一口水。
10. 大便软和尿布沉是宝宝摄入足够液体的信号。

替代饮食

现在，越来越多的父母开始选择素食或纯素食的饮食方式，并且希望能将这种饮食方式传递给自己的孩子，也许你也属于其中一员。但由于素食主义者一般主要或完全使用植物类食品喂养孩子，所以为了保证宝宝的营养供给，有一些问题需要妈妈们注意。不同素食主义者获取营养的方式各不相同：乳蛋素食主义者虽然不食用肉类、香肠和鱼，但会定期在饮食计划中加入鸡蛋、牛奶和乳制品；乳素食主义的追随者除此以外还不食用鸡蛋；纯素食主义者不食用任何来自动物的食品，同样包括乳制品或蜂蜜。因此，这种饮食方式对于宝宝来说并不太适合。

素食主义者

对成年人来说，包含牛奶和鸡蛋的素食饮食方式，经过妥善安排的话，是毫无问题的。不仅如此，素食的饮食方式还具有众多优势。素食饮食中脂肪含量普遍较低，因此素食主义者的体重和血脂数值（如胆固醇水平）更容易处于正常范围。此外，通过植物性食物还可以摄入更多的生物活性物质，某些维生素和矿物质的摄入也更为理想。虽然避免肉食会导致某些营养成分缺失，然而，通过有针对性地选择其他植物性食物很容易就可弥补这方面的缺失。妊娠期、哺乳期女性以及婴幼儿要尤其注意铁的摄入，以避免出现缺铁的问题。不过，精心选择食物的话，这方面是毫无问题的。

如果你决定一开始就以素食方式喂养宝宝，那么你应当养成习惯，在宝宝每次吃饭时都为其准备一杯富含维生素 C 的饮品，以促进铁的吸收。在选择谷物麦片时，请你最好优先选择富含铁的品种。

小贴士

素食主义辅食添加要点

- 请避免过晚添加辅食。由于经过四个月的哺乳期之后，宝宝体内的储存铁已消耗殆尽，因此必须及时补充。
- 断奶之后请最好为宝宝喂食添加铁的配方奶。
- 维生素C可以促进从植物性饮食中吸收铁。因此，在吃蔬菜泥或谷物泥时，请每次都为宝宝准备一些富含维生素C的果汁，例如橙汁。
- 富含铁的蔬菜有：菜豆、小扁豆、豌豆、球茎茴香、唐莴苣和菠菜。
- 富含铁的谷物有：小米、燕麦片和苋属植物，虽然严格来讲苋属植物不属于谷物，但其用途完全一样。
- 为了保证所有营养成分的充分吸收，只有蔬菜绝对是不够的，所以每次午餐时请将谷物配合蔬菜一起提供给宝宝食用（刚开始添加辅食时除外，因为开始时应该只使用一种蔬菜）。
- 牛奶会阻碍铁的吸收，因此吃饭时请最好不要给宝宝喝牛奶。

纯素食主义者

在纯素食主义者的饮食中，除了不食用肉类、香肠和鱼之外，还要避免牛奶和乳制品。

虽然诸如肥胖、高血压或高血脂等疾病发生的概率在纯素食主义者身上会有所降低，但这不能完全归功于饮食方式上。事实是，纯素食主义者除了饮食之外生活方式也更为健康——他们更少饮酒，更多运动，极少抽烟并更少购买奢侈品。然而，他们摄取的营养物质情况如何呢？纯素食饮食方式是否可以保证宝宝的营养摄入？事实上，纯素食主义者必须非常谨慎地选择食物和安排饮食计划，否则很可能会产生营养不良的情况，孕妇、哺乳期妇女、婴幼儿及老年人的健康尤其会受到威胁。

纯素食婴儿食品

从一开始就以纯素食的方式喂养宝宝是相对困难的，因为婴儿体内很多营养元素的储存量还很低。如果妈

素食主义者必需的重要营养元素

可能缺乏的营养元素	来源
维生素B_{12}	在乳酸发酵的食品中少量存在，例如酸菜
维生素D	重要提示：请多晒太阳
钙	西蓝花、球茎茴香和其他深绿色蔬菜；杏仁、榛子、富含钙的矿泉水（每升至少150毫克）
锌	全麦食品、豆类（大豆）、花生、酵母面包
铁	甜菜、小米、燕麦、苋属植物
碘	碘盐
维生素B_2	深绿色蔬菜，菠菜；玉米、苋属植物、燕麦片

妈也奉行纯素食的饮食方式，那么可能母乳中营养元素的含量就已经不足了。另外，在日照时间短的季节，绝对有必要补充维生素 B_{12} 和维生素 D，否则宝宝的健康会受到威胁。当然，通过纯素食饮食同样可以摄取其他的营养元素，但前提是必须精心安排饮食计划。尽管如此，也建议你不时地对宝宝的营养状况进行检查。

从营养学角度来看，基本上并不建议以纯素食的方式喂养婴儿。不时地喂食牛奶或乳制品或鸡蛋对宝宝的营养摄入绝对有好处。尽管如此，纯素食主义的追随者也可以在下文中找到重要的注意事项，以帮助你制订尽可能营养丰富的婴儿饮食方案。如果你不确定，建议寻求可为你提供个人建议的专业帮助。

建议

除了素食主义的饮食要点外，我建议纯素食主义者应格外注意以下几点：

- 纯素食饮食中缺少的优质蛋白质（牛奶、乳制品和鸡蛋中含有），可以通过优化组合来提高植物蛋白的吸收。例如，豆类植物中富含蛋白质，其中包括豌豆、小扁豆、鹰嘴豆、菜豆以及豆制品（豆浆、大豆酸奶和豆腐）。
- 请多进行户外活动，定期散步，尤其在日照时间短的季节，以保证维生素D的充足供应。
- 纯素食主义者缺少牛奶作为钙的主要来源，因此，必须选择足够的其他钙源。请经常给宝宝提供富含钙的蔬菜，例如西蓝花、球茎茴香、羽衣甘蓝。富含钙的矿泉水（每升中至少150毫克）比自来水更适合用来准备婴儿辅食及饮品。
- 请在准备食物时务必使用碘盐！
- 所有全麦食品和豆类植物都十分适合补锌。
- 建议务必补充维生素B_{12}！冬季甚至有必要吃维生素D片。
- 饮食安排的关键取决于组合方式，组合巧妙的纯素食辅食包括西蓝花、豌豆和燕麦片，以及苋属植物和鹰嘴豆，或小米麦片和水果。
- 重要提示：请补充植物油和富含维生素的果汁！

共同进餐

如果我们回想自己的童年，与家人共同进餐的时光，尤其是餐桌上的氛围往往令很多人记忆深刻。那时，共同的早餐开启新的一天，而晚餐时我们经常会在轻松的气氛里聊聊一天的经历。同样，现在的小宝宝、以后的小朋友，也应当分享这件美好的事情。既然这个小家伙现在也是家庭的一部分，我们为什么要先喂完他，然后再自己吃饭呢？即使有时我们会乐于享受黄昏的宁静，希望可以不受干扰、舒适地吃顿饭，我们也应当试着从餐桌开始培养共同进餐的家庭习惯。如果你的宝宝已经有兄弟姐妹，这通常是理所应当的事。然而，对第一个宝宝来说，共同进餐也可以成为一个充满爱的家庭传统的开始。

请你考虑好，你希望将每天的哪个时间作为常规化的家庭聚餐时间，早上、中午还是晚上？对某些人来说，早上可能是最完美的聚餐时间，而对其他人来说，可能晚上更为合适，因为晚上父母都在家。定期共同进餐不仅仅是纯粹的食物摄入，尤其对于宝宝来说，它还可以划分每天的时间，并给宝宝提供充足的安全感。对于宝宝来说，与父母共同坐在餐桌前，感觉到自己是家庭的一员，去体验周围的人如何一起聊天、欢笑、放松地享受新鲜食物，简直没有比这更加美好的事情了。除此之外，宝宝还将从中学会分享，知道大家必须互相关心。即使父亲或母亲独自与宝宝吃饭，他也可以学到很多。因为共同进餐是营养教育中的一个重要环节：宝宝将认识到不同的食物及其不同的制作方法——这将是宝宝形成广泛味觉的关键。宝宝们会向榜样学习，吃饭亦是如此。

不仅成年人看重优美的就餐环境，宝宝吃饭时同样也在体验环境带来的影响。装饰美好的餐桌和精美设计的餐点可以提升氛围并引发食欲。一份摆盘精致的水果和蔬菜片拼盘会让不重视摄取维生素的人同样食欲大振。

餐桌小礼仪

请尽可能执行固定的用餐时间和礼仪，以及明确的用餐规则，这样会让宝宝更加有安全感。因此，你有必要制定固定的规则。更重要的是，要坚持执行下去。这样，宝宝从一开始就可以学习餐桌礼仪，即使还有尝试的时间。然而，你并不需要制定太多复杂的规则，简单的几条就足够了。重要的是，父母双方必须一致遵守。这些规则当然也应该与年龄相符，例如：

- 共同进餐的时间属于家庭时间。这段时间里，大家应该一起聊天和欢笑，电视、报纸和玩具只会起到干扰作用。
- 相对应的是，在玩耍的时候不能吃饭，只有在餐桌上才可以吃饭。这样，你就为宝宝创造了最好的前提条件，让他知道自己什么时候吃饱了。
- 对宝宝来说，要超过10～15分钟安静地坐在餐桌旁边很困难，而对于年长些的兄弟姐妹们来说，他们完全可以做到。因此，只要还有一个孩子没吃完，就应当坚持坐在餐桌边。

- 宝宝应当至少把餐桌上每道菜都尝一口。在宝宝刚开始吃辅食的年纪可能还不行，但是这一点在第二年很重要。
- 宝宝越大，你就可以越多地训练他们使用餐具吃饭。但是，请不要忘记，大孩子有时也还喜欢用手拿东西吃。
- 不要使用不礼貌的语句，例如“哎！”这时，“不用，谢谢”或者“这个我不爱吃”就足够了。
- 大人决定吃什么，宝宝自己决定吃多少。请给宝宝做决定的自由，他很清楚自己是否吃饱了。
- 请等一切都准备完毕时，再把宝宝放到餐桌前。因为即使对于大孩子来讲，等待吃饭也很困难。
- 也许你想要以一个共同的仪式开始就餐？那么可以是一首歌、一个口号或者一段简短的祈祷。
- 绝对不能用美食作为安慰或奖励！这样，因为不开心而暴饮暴食的话，发胖会难以避免。

大概十个月的时候，宝宝就可以坐在高脚餐椅里加入家庭聚餐，并且自己使用盘子和汤匙吃饭了。

为小大人准备食物

在第10个月至第14个月，宝宝会越来越多地参与到家庭聚餐中来。现在，辅食开始变成每天五餐，包括三次主餐和两餐之间的少量餐点，例如新鲜水果和一点儿面包或全麦面包干的组合，或者酸奶和新鲜水果。

现在，你可以放心地让宝宝品尝家庭美食了，没必要再购买幼儿成品罐装辅食，它们只会破坏宝宝的胃口。如果宝宝早晨醒来很早，他的第一餐还可以是母乳或一瓶配方奶。如果宝宝较晚才醒来，就可以取消这一餐奶，直接让他在早餐时从杯子里喝奶。从满一周岁开始，宝宝也可以喝全脂牛奶。

现在，最适合作为早餐的是细腻的全麦面包，也可以加上一些水果。如果宝宝清晨吃过母乳或配方奶，那么饮品选择水或者适量的茶即可。你可以让宝宝慢慢习惯用一顿真正的午餐来代替中午的辅食。建议你在为其他家庭成员的食物调味之前，给宝宝单独分一些食物出来。

你的小宝贝现在每周只需吃两三次肉食即可，适合作为晚餐的是小块面包，可以涂上黄油或新鲜的奶酪与牛奶。如果宝宝太累，给他吃牛奶谷物泥或一份无糖的婴儿或儿童麦片更合适。

最迟在满一周岁的时候，你就应当让宝宝戒掉吮奶瓶入睡的习惯。即使只是喝着水或茶入睡，连续吸吮也会对牙齿有害。

之后应该怎么做？

原则上来讲，宝宝在出生后的第二年就不需要忌口了。但是宝宝的食物不能过甜或过肥，也不能过辣或过咸。此外，应该让宝宝尽可能地认识从甜到酸各种不同的口味，体验用不同方法制作的不同食物，并学习独立用汤匙，以便以后学习用筷子吃饭。膳食金字塔的食物搭配同样适合小朋友。

请你借助为宝宝准备食物的机会，同样对自己的饮食习惯进行思考。也许你会开始有兴趣并进行新的尝试。因为即使是成人，同样可以从平静且充满爱心的膳食制作，富于变化且营养均衡的饮食中获益。

宝宝食谱——家庭美味

每位妈妈都会时常自问，
在准备宝宝饮食时是否一切都做到了完美。
本章内容将帮助你组织均衡且多样化的宝宝饮食方案。

宝宝辅食最佳食谱

你会发觉，你的宝宝逐渐到了添加第一顿辅食的时间。这时，他会对所有食物感兴趣，甚至恨不得偷吃掉你盘子里的面包。现在，你可以开始首次尝试了。虽然宝宝刚开始只会吃很少量的辅食，而且仍然更喜欢吃母乳或配方奶吃到饱。但随着辅食量的增加，宝宝会对亲密吸吮逐渐失去兴趣，吸吮反射也会慢慢减弱。等这一切顺利完成，并且宝宝对食物的耐受良好的话，下一步就可以添加晚餐辅食（参见第 104 页），最后可以添加下午辅食（参见第 118 页）。你可以在本章中找到多种健康辅食食谱。此外，为了让大人们也有所收获，我们也提供了很多美味的家庭创意食谱，供你参考和学习。

第一步：午餐辅食（第五个月至第七个月）

一般情况下，起初应在中午添加辅食。这个时间大多数宝宝都处于清醒状态，容易接受新的尝试，并且即使宝宝对某种蔬菜不耐受，距离晚上时间还久，还有很长的时间来消化。请你慢慢来：一开始尽可能添加只由一种蔬菜组成的温和的蔬菜泥（如胡萝卜、南瓜、西葫芦），一周以后可以加入土豆，然后稍晚一些则可以用一小份肉食或谷物和蔬菜一起研磨，再之后可以不时用全麦面条或米饭代替土豆。

适宜成分

一开始应当添加宝宝易消化的蔬菜，包括胡萝卜、球茎茴香、西葫芦、南瓜或菠菜（参见第 73 页）。

如果你手头上没有新鲜的有机蔬菜，那么请最好使用无添加剂的冷冻有机食品。注意不能选择发芽和发绿的土豆，因为其中含有的神经毒素龙葵素会导致宝宝腹泻。

肉类中适合做辅食的有瘦鸡肉、火鸡肉、牛肉、小牛肉和羊肉，此外，肉类最好请商家绞碎。另外，为了利于铁的吸收，你应该在每份辅食中添加一些富含维生素 C 的果汁。最好在辅食中加入一茶匙葵花籽油、玉米胚芽油、菜籽油或大豆油来补充脂肪，这样可以促进脂溶性维生素 A、维生素 D、维生素 E 和维生素 K 的吸收。

小贴士

让辅食制作更简单

你想要自己为你的宝贝制作蔬菜泥，但不清楚要如何操作？如果你能按照下面的提示进行，就已经成功了一半。

- 制作辅食时，请只购买新鲜的应季水果或蔬菜，如果可能的话，最好选择有机种植的产品，因为其中含有的有害物质大大少于其他传统种植的产品。同样请你尽量选择源于有机饲养的优质肉类。
- 请在清洗之后再切水果或蔬菜，以避免其中的水溶性维生素流失。
- 婴儿食品中禁止使用盐和辛辣调料，而新鲜的香草可以为年龄较大的宝宝提供丰富的味觉体验。

午餐辅食

纯胡萝卜泥

150 克胡萝卜、3 汤匙水、2 茶匙菜籽油（或使用玉米胚芽油替代）

（从第五个月开始，低过敏原，不含麸质和乳糖）

1．使用流动的凉水洗净胡萝卜，用削皮刀薄薄地去皮，然后切成块状。

2．将胡萝卜块加水放入锅中煮 8 分钟，直至煮软。

3．将胡萝卜块离火，和开水一起研磨成泥，最后加入油并搅拌均匀。

▲

家庭食谱

土豆胡萝卜汤

800 克土豆、300 克胡萝卜、1 个洋葱、1 汤匙油、2 茶匙盐、2 片月桂叶、125 克酸奶油、1 汤匙全麦面粉

1．用削皮刀薄薄地将土豆去皮，彻底去除发芽和发绿的部分。清洗土豆，然后切成一口大小的块状。同样将胡萝卜和洋葱去皮，然后将胡萝卜切片，洋葱切成小块。

2．将油倒入锅中加热，然后放入洋葱用中火煎炒。加入土豆和胡萝卜，短时间煎炒，然后加入 3/4 升水。

3．将汤煮开后加入盐和月桂叶，半盖锅盖，并使用文火煮大约 20 分钟。

4．同时将酸奶油和面粉混合。汤锅离火，捞出月桂叶。食用之前将汤和酸奶油糊混合。

绝佳的蛋白质补充食物

建议你食用这道汤时搭配一厚片全麦面包，这道汤能帮助你的家人摄取额外的优质蛋白质。

午餐辅食

南瓜泥

150 克南瓜肉（去皮去籽；马斯喀特南瓜或北海道南瓜）、3 汤匙水、2 茶匙菜籽油（或使用玉米胚芽油替代）

（从第五个月开始，低过敏原，不含麸质和乳糖）

1．用锋利的小刀把南瓜肉切成小方块。

2．将南瓜块放入锅中蒸 10 分钟，直至蒸软。

3．将南瓜肉和开水一起研磨成泥。最后加入油搅拌均匀。

▲

家庭食谱

南瓜奶油汤

400 克南瓜肉（去皮去籽）、1 个洋葱、2 汤匙黄油、1 小撮甜辣椒粉、1 小撮孜然粉、1/2 升蔬菜汤、1 片月桂叶、盐、胡椒粉、6 汤匙南瓜子

1．将南瓜肉切成小方块。将洋葱去皮并切碎。

2．将洋葱放入 1 汤匙黄油中煎炒 5 分钟。加入南瓜肉，煎炒片刻，然后加入辣椒粉和孜然粉调味。浇入蔬菜汤，加入月桂叶，将所有食材使用文火煮大约 15 分钟。捞出月桂叶，然后将南瓜肉压成泥。汤中加入盐和胡椒粉调味。

3．将剩余的黄油放入平底锅加热，加入南瓜籽煎炒。加入盐然后撒在汤上。

其他精致做法

可以根据你的口味，使用咖喱粉和酸奶油让南瓜汤更美味。也可以将一个小苹果切碎和南瓜一起烹调并研磨。如果你喜欢稍微辣一些的口味，也可以将姜切成小方块加入，并使用辣椒末或去籽后切成细条的红辣椒调味。加入大虾也会很美味。

午餐辅食

西葫芦泥

150 克西葫芦、3 汤匙水、2 茶匙菜籽油（或使用玉米胚芽油替代）

（从第五个月开始，低过敏原，不含麸质和乳糖）

1．将西葫芦洗净，用削皮刀薄薄去掉绿皮，将西葫芦肉切成小方块。

2．将西葫芦块和水加热，煮 4 分钟，直至煮软。

3．将西葫芦肉和开水一起用搅拌棒研磨成泥。最后加入油搅拌均匀。

家庭食谱

西葫芦肉糜蛋酥饼

1 千克土豆、1/4 升牛奶、2 汤匙黄油、1 个鸡蛋、盐、肉豆蔻籽、500 克西葫芦、1 个洋葱、1 把香菜、1 汤匙油、400 克牛肉糜、胡椒粉、用于涂模具的黄油

1．将土豆洗净，带皮煮大约 20 分钟，直至煮软，沥水并晾干一会儿。将土豆去皮，使用压薯器将土豆压成泥。

2．将牛奶和黄油加热，加入土豆泥中，使用打蛋器搅拌均匀。将蛋白、蛋黄分离，蛋白先放置于一边。蛋黄中加盐和少许磨碎的肉豆蔻籽，倒入土豆泥中搅拌均匀。

3．将西葫芦洗净、擦干，然后切片。将洋葱去皮并切碎。将香菜洗净、甩干，将香菜叶择掉并切碎。

4．将油加热后放入洋葱煎炒，加入牛肉糜翻炒，直至呈碎末状。加入盐、胡椒粉和香菜碎调味，使味道浓烈。将烤箱预热至 180℃。

5．将蛋白打发，拌入土豆泥中。在烤盘表面涂上一层黄油，将牛肉糜、西葫芦和土豆泥分层放入。最上面再放一层土豆泥。放入烤箱中烤制 35 分钟，之后趁热食用。

午餐辅食
南瓜土豆泥

50 克纯南瓜肉（去皮去籽；马斯喀特南瓜或北海道南瓜）、50 克土豆、3 汤匙橙汁、2 茶匙玉米胚芽油

（从第六个月开始，低过敏原，不含麸质和乳糖）

1．用锋利的小刀把南瓜肉切成小方块。土豆去皮并切成小方块。

2．将南瓜和土豆块放入锅中，中火蒸大约 10 分钟，直至蒸软。

3．加入橙汁，再将南瓜和土豆块研磨成泥。需要的话加入 1 ~ 2 汤匙水。最后加入油搅拌均匀。

家庭食谱
辣南瓜派

280 克全麦面粉、120 克冷黄油、盐、4 个鸡蛋、1 千克纯南瓜肉（去皮去籽）、80 毫升蔬菜汤、80 克鲜奶油、胡椒粉、50 克南瓜籽、150 克蓝纹奶酪碎、用于涂模具的黄油和面粉

1．将全麦面粉堆放在工作台面上，黄油弄碎撒在面粉上。加入一撮盐和两个鸡蛋。将这些原料揉成光滑的面团，用保鲜膜包裹好，至少醒 30 分钟。

2．用锋利的小刀把南瓜肉切成小方块，倒入锅中，倒入热蔬菜汤，煮 25 分钟，直至煮软。捞出沥干，然后研磨成泥。将鲜奶油和剩余的鸡蛋加入南瓜泥中混合，加入盐和胡椒粉。烤箱预热至 200℃。

3．在派盘表面涂上黄油，撒上面粉。将面团擀好，铺在派盘上，然后将边缘用力按实。用叉子在派皮上反复戳一些小孔，然后放入预热好的烤箱中烤 5 分钟。

4．将南瓜泥和南瓜籽混合，铺在派皮上，撒上奶酪碎，烤大约 50 分钟。

午餐辅食

西葫芦牛肉泥

100 克西葫芦、50 克土豆、20 克瘦牛肉碎、3 汤匙富含维生素 C 的果汁、2 茶匙菜籽油

（从第五个月开始，低过敏原，不含麸质和乳糖）

1. 将西葫芦和土豆洗净、去皮并切块。如果需要的话，将牛肉碎用绞肉机绞碎。

2. 将所有食材加入少许水烧开，然后煮 10 分钟至煮软。加入果汁后研磨成泥。最后加入油搅拌均匀。

家庭食谱

西葫芦丝裹牛排

400 克西葫芦、1 个鸡蛋、5 汤匙面粉、盐、400 克小牛排、胡椒粉、用于煎炸的玉米胚芽油

1. 将西葫芦擦成丝，加入鸡蛋、2 汤匙面粉和盐混合。牛排用胡椒粉腌制。

2. 将牛排放入剩余的面粉中，翻面，然后用西葫芦糊紧紧裹在牛排外面。在平底锅中倒入少许油加热，使用中火煎炸。

小贴士

素食基础辅食

对于希望以素食喂养宝宝的父母来说，食物组合尤为重要。以下为你提供一个营养均衡的素食辅食食谱：

将120克蔬菜（胡萝卜、球茎茴香、西葫芦、西蓝花、欧洲防风）和50克土豆洗净、擦干，需要的话去皮，然后切成小块。加入少量水，煮10分钟，直至煮软。

将这些蔬菜研磨成泥，并加入1~2汤匙婴儿谷物米粉（如小米或燕麦）混合均匀，放凉后再次研磨。最后加入2汤匙橙汁和1汤匙菜籽油，混合均匀。

为了换换口味，素食辅食中也可以用球茎甘蓝或地瓜。或者你可以用南瓜和苹果或梨进行组合。也可以使用营养丰富的苋属植物取代小米或者燕麦，可以根据包装上的说明将苋属植物煮软，或使用可直接加入成品辅食中的膨化苋属植物。这样，一份完美的蔬菜苋属植物糊就出炉了。

午餐辅食
胡萝卜鸡肉米糊

100 克胡萝卜、20 克鸡胸肉碎（去皮）、10 克米粉、3 汤匙橙汁、2 茶匙玉米胚芽油

（从第五个月开始，低过敏原，不含麸质和乳糖）

1．将胡萝卜洗净，需要的话用削皮刀薄薄地去皮，切成大块，和鸡肉碎一起加入少量水，煮 10 分钟，直至煮软。

2．加入米粉拌匀，然后和果汁一起研磨。最后加入油搅拌均匀。

家庭食谱
鸡肉胡萝卜烩饭

250 克烩饭用大米、1 个洋葱、300 克鸡胸肉、盐、胡椒粉、300 克胡萝卜、4 汤匙橄榄油、1 升蔬菜汤、50 克帕尔玛干酪碎、1 汤匙香菜碎

1．用热水淘米。将洋葱去皮并切碎。将鸡胸肉洗净、拍干，然后切成适口的块状，加入盐和胡椒粉。将胡萝卜洗净、去皮，然后切成条状。

2．将油倒入一口足够大的锅中加热，放入洋葱煸炒至透明，加入肉煎炒。紧接着加入大米，稍微煎炒一下。然后加入一些蔬菜汤搅散，每次蔬菜汤被煮干时就再加入一些，不停搅拌以免米饭粘在一起。

3．煮大约 15 分钟以后，加入胡萝卜。将米饭和胡萝卜煮熟，这一过程中需要不断搅拌并加入菜汤。最后拌入帕尔玛干酪碎，将香菜碎撒在饭上。适合搭配绿叶沙拉食用。

现在适合吃米粒了

从第八个月开始，你可以逐渐用煮熟的米饭代替米粉，大约需要 25 克大米。

▼

午餐辅食

小牛肉土豆蔬菜泥

50 克土豆、30 克西蓝花、40 克西葫芦、30 克球茎茴香、30 克小牛肉、3 汤匙富含维生素 C 的果汁、1 汤匙玉米胚芽油（或使用黄油替代）

（从第七个月开始，不含麸质和乳糖）

1．将土豆去皮、洗净，并切成小方块。将西蓝花、西葫芦和球茎茴香洗净、擦干，分成小朵或切成大方块。

2．使用绞肉机的细孔刀盘将小牛肉绞碎，然后和土豆、西蓝花、球茎茴香一起加入少量水煮大约 10 分钟至煮熟，请勿煮烂。直到快煮好时，才加入西葫芦块，再一起稍微煮一会儿。

3．使用搅拌棒将这一锅杂烩研磨成泥。然后加入果汁和油搅拌均匀。需要的话可以再次研磨。

家庭食谱

通心粉

2 个番茄、1 个洋葱、100 克西蓝花、2 个土豆、2 根胡萝卜、1/2 块根芹、1 个西葫芦、2 汤匙橄榄油、1 汤匙百里香、盐、1 撮卡宴胡椒粉、50 克意大利蝴蝶面、2 汤匙帕尔玛干酪碎

1．用锋利的小刀在番茄上划十字花，用热水烫后剥皮，然后切成小块。将洋葱去皮并切成方块。将西蓝花洗净并分成小朵。将土豆、胡萝卜和根芹去皮、清洗并切块。将西葫芦洗净、擦干并切片。

2．将油倒入一个足够大的锅中加热，放入洋葱煸炒。加入其他蔬菜，并加入百里香、盐和卡宴胡椒粉调味。加入 1 升多水搅散，开锅后用文火煮 20 分钟。

3．烹调结束前 10 分钟放入蝴蝶面，煮至面有嚼劲即可。分盘后撒上帕尔玛干酪碎。

午餐辅食

胡萝卜西葫芦燕麦糊

50 克胡萝卜、50 克西葫芦、50 克土豆、2 汤匙水（用于燕麦片）、1 汤匙婴儿燕麦片、3 汤匙橙汁、2 茶匙菜籽油（或黄油）

（从第七个月开始，素食，低过敏原，不含麸质和乳糖）

1．将胡萝卜、西葫芦和土豆洗净、去皮后切成大块。加入少量水蒸，直至蒸软。

2．加入用于燕麦片的水，烧开。然后拌入燕麦片，和橙汁一起研磨成泥。最后加入油并混合均匀。

家庭食谱

奶酪焗蔬菜

4 个胡萝卜、1/2 个菜花、1 个西蓝花、盐、1 个西葫芦、40 克黄油、80 克全麦面包屑、50 克榛子碎、1 把香菜、250 克酸奶油、1 个鸡蛋、100 克埃门塔尔干酪碎、胡椒粉

1．将烤箱预热至 200℃。将胡萝卜洗净，必要的话去皮，然后切成薄片。将菜花和西蓝花分成小朵，洗净并擦干。

2．在锅里放入少量水烧开，加入盐。将西蓝花和胡萝卜放入，煮熟即可，请勿煮烂。在此期间将西葫芦洗净、擦干，并切成均匀的薄片。

3．将黄油放入不粘锅中加热。放入全麦面包屑和榛子碎，中火煎炸后放凉。将香菜洗净、甩干、去掉硬梗，再把叶子切碎。然后与酸奶油、鸡蛋、干酪碎和面包屑混合物一起放入碗里混合均匀，加入盐和胡椒粉调味。

4．在四个小烤碗表面涂上黄油，将所有的蔬菜放入并混合均匀。将干酪碎和面包屑混合物平铺在蔬菜上，放入预热好的烤箱，在 200℃下烤 30 分钟。

午餐辅食

鸡肉蔬菜泥

50 克西蓝花、50 克土豆、50 克鸡胸肉碎、50 克豌豆（新鲜或冷冻）、3 汤匙苹果汁、2 茶匙菜籽油

（从第八个月开始，不含麸质和乳糖）

1．将西蓝花洗净、擦干，并分成小朵。将土豆去皮、洗净，并切成大块。将准备好的蔬菜和肉一起放入锅中，加入少量水煮 10 分钟，直至煮软，烹饪结束前 2 分钟加入豌豆。

2．倒入苹果汁，用叉子将蔬菜捣碎，加入油并搅拌均匀。

午餐辅食

火鸡蔬菜泥

50 克球茎茴香、50 克大头菜、50 克土豆、30 克鸡肉碎（去皮）、3 汤匙橙汁、2 茶匙玉米胚芽油、少许碎球茎茴香叶

（从第八个月开始，不含麸质和乳糖）

1．将球茎茴香、大头菜和土豆去皮、洗净，并切成大块。和鸡肉碎一起放入锅中，加入少量水煮 10 分钟，直至煮软。

2．加入果汁，使用搅拌棒把所有食材研磨成泥或使用叉子捣碎。最后加入油和碎球茎茴香叶搅拌均匀。

家庭食谱

蔬菜炒鸡肉

400克鸡胸肉、4汤匙油、盐、胡椒粉、2茶匙甜辣椒粉、200克西蓝花、200克胡萝卜、1根葱、200克豌豆、少许柠檬汁、2汤匙芝麻

1. 使用流动的凉水将鸡胸肉洗净，用厨房纸吸干水分，然后用锋利的小刀将鸡胸肉切成适口的块状。在碗里倒2汤匙油，加入盐、胡椒粉和甜辣椒粉混合均匀。放入肉腌制半小时。

2. 将西蓝花洗净、擦干，然后分成小朵。将胡萝卜洗净、擦干，然后切成细长条。将葱沿纵向切成两半，将葱叶之间彻底洗净、甩干，然后切成约1厘米宽的条状。

3. 用剩余的油将腌好的肉稍加煎炸。加入西蓝花和胡萝卜，一起煎炒约5分钟并不时翻动。然后加入豌豆和葱。将所有蔬菜一起再翻炒5分钟。

4. 将做好的蔬菜炒鸡肉淋上柠檬汁，撒上芝麻。可以搭配长粒大米，或者搭配煎玉米饼也不错。

家庭食谱

球茎茴香焗土豆

800克土豆、2个球茎茴香、1/2升牛奶、200克酸奶油、盐、胡椒、50克帕尔玛干酪碎或硬奶酪碎、用于涂模具的黄油

1. 将烤箱预热至200℃。将土豆洗净、去皮，切成薄片。将球茎茴香洗净、擦干，沿纵向切成两半。去除茎，然后将茴香切成薄片，茴香叶放在一边备用。

2. 在烤盘表面涂上一层黄油。将茴香片和土豆片交替堆叠在烤盘中。

3. 将茴香叶切碎，然后与牛奶和酸奶油混合均匀。加入盐和胡椒粉调味，使味道浓烈。将混合物倒在蔬菜上，然后撒上帕尔玛干酪碎。放入预热好的烤箱中，烤制50～60分钟。

多种食用方法

你可以将这道焗菜作为素食主菜，配上一份清爽脆口的绿叶沙拉。如果将这道焗菜当作配菜，可以搭配煎火鸡排、羊排或牛排。

午餐辅食
西葫芦面条配黑鳕鱼

30克黑鳕鱼片（完全无刺，新鲜或冷冻）、100克西葫芦、50克煮熟的面条、3汤匙橙汁、少许香菜碎、2茶匙黄油

（从第八个月开始，不含乳糖）

1. 如果需要的话，先将鱼片解冻。将鱼片用冷水洗净、擦干，然后切成块状。将西葫芦洗净、擦干，然后切成小方块。

2. 在西葫芦块和鱼肉中加入少量水，煮开后再煮5分钟，直至煮软。加入煮熟的面条，然后使用叉子将食材捣碎。加入果汁、香菜碎和黄油并搅拌均匀。

家庭食谱
炖蔬菜

3个西葫芦、2个球茎茴香、1个洋葱、8个成熟的番茄、2汤匙橄榄油、100毫升蔬菜汤、100克奶油、盐、胡椒粉、3～4根新鲜的罗勒

1. 将西葫芦和球茎茴香洗净、擦干，并切成小方块。将洋葱去皮并切成小方块。将番茄用热水烫后剥皮，然后将番茄肉切成小方块。

2. 将油加热，放入洋葱煸炒至透明。先加入球茎茴香，再加入西葫芦，一起煎2～3分钟。最后加入番茄，然后加入蔬菜汤和奶油，把蔬菜搅散。

3. 加入盐和胡椒粉给蔬菜调味。小火煮5～8分钟，煮熟即可，请勿煮烂。

4. 将罗勒冲洗干净并甩干。择去叶子、切碎，然后撒在蔬菜上。可以作为配菜搭配煎肉或煎鱼吃。

为了宝宝灿烂的笑容

在宝宝第一颗乳牙萌出之后，就应当立刻开始牙齿护理了。然而，对于牙齿健康来说，不只是正确的牙齿护理至关重要，均衡的饮食对于宝宝牙齿的理想发育和长期健康也具有决定性的意义。希望以下几点可以帮助到你。

1. 可以肯定的是，到了一定年龄以后就不再可能完全禁止宝宝吃甜食了。然而，尽量晚些让宝宝接触含糖的垃圾食品还是很有必要。因为如果宝宝完全不知道甜食是什么味道的话，他也就既不会惦记也不会盼望甜食了。
2. 让牙齿健康同样意味着要有均衡的饮食。如果你的宝宝食用了大量的乳制品、新鲜蔬菜和水果以及全麦食品，稍后每周再吃一到两次海鱼，那么他的牙齿也就摄取了健康发育和保持健康所需的一切营养元素。
3. 宝宝只有多使用下颌和牙齿咀嚼，牙齿才能发育得理想。因此请经常给宝宝准备一些必须大力咀嚼的食物，例如苹果、胡萝卜或全麦面包，这样会刺激唾液的分泌，并促进牙齿自洁。
4. 如果宝宝想要吃甜食，最好的办法是，每天只在某一次主餐后紧接着给他吃一次，然后立刻去刷牙！

第二步：晚餐辅食（第六个月至第八个月）

在几周前，你的宝宝已经开始在中午添加辅食了，现在可能已经成为一个用汤匙的“专家”了。因此，已经到了给宝宝添加第二顿新辅食的时间了，即用晚上的牛奶谷物泥代替下一顿餐奶。你可以使用任何一种配方奶准备这顿辅食，原则上来说使用脂肪含量为 3.5% 的巴氏奶也可以。但出于卫生原因，宝宝满一周岁前应该禁止喝生牛奶和原始牛奶。

晚餐辅食中适合使用的谷物包括专为婴儿提供的谷物麦片或粗粒。可用的种类涵盖从小麦、黑麦或斯佩尔特小麦到不含麸质的小米、玉米或大米。大部分只需要再加入水或配方奶搅拌即可。但请你注意选择不加糖和任何其他添加剂的谷物麦片。另外，请尽量选择全麦谷物。

此外，有一点在介绍午餐辅食时提到过，对于晚餐辅食来说同样适用：为了使宝宝可以更好地吸收谷物中的铁，必须在吃辅食时添加一些富含维生素 C 的果汁或新鲜水果泥。

然后，你可以这样开始

刚开始的三至四天里，可以在制作牛奶谷物泥时使用水来代替牛奶，并且每次只给宝宝准备一半的分量。一开始的辅食也可以做得稀一些，这样宝宝会更容易适应新的辅食。

接下来的三天里，请使用配方奶或全脂牛奶为宝宝准备一半的分量。这样，在宝宝一周岁前，他就已经可以消化辅食中的牛奶了。而从第六天或第七天开始，你就已经可以使用配方奶或牛奶为宝宝准备整份辅食了。

晚餐辅食

基础晚餐辅食

20 克即食婴儿谷物麦片、200 毫升配方奶或全脂牛奶、2 汤匙水果泥或果汁（例如苹果、香蕉、梨、油桃、桃子）

按照包装上的说明冲调配方奶或煮沸全脂牛奶。加入麦片，等麦片膨胀后加入水果，搅拌均匀。

食谱注意事项

食谱中都是使用配方奶作为配料，而你完全可以使用全脂牛奶准备辅食。

营养丰富的谷物品种

从第六个月开始，全麦谷物将丰富宝宝的食谱。起初，你最好选择一种谷物，稍后则可以给宝宝吃混合谷物辅食。

全麦谷物中含有丰富的营养物质和大量的膳食纤维，但是与麦片和粗面粉相比，新鲜谷物并不适合作为婴儿食品。建议你最好使用经过高温加工的婴儿专用麦片，因为其中包含的淀粉对于婴儿来说更容易消化。

品种	特点	营养成分
苋属植物	不含麸质，口感类似坚果	优质蛋白质，富含钙、锌和铁
斯佩尔特小麦	香味浓郁，口感类似坚果	富含镁、铁、锌、锰
燕麦	稍微类似坚果	含有多种营养成分，对肠黏膜和肠道健康有益
小米	不含麸质，易消化，口感温和	富含铁
玉米	不含麸质，玉米面口感滑腻，温和微甜	其中的蛋白质生物价值低，因此请与其他富含蛋白质的食物混合食用
大米	不含麸质，易消化，口感微甜	蛋白质和营养物质含量低
小麦	刚开始最好以麦片形式食用，稍后也可以粗面粉形式食用，口感温和	含有多种B族维生素、镁

温和的水果品种

在晚餐辅食中，新鲜的水果可以作为甜点或在用餐期间食用。温和的水果主要包括苹果、香蕉、梨和桃子。刚开始添加这些水果时需要去皮蒸熟并研磨成泥。从第九个月开始宝宝就可以生吃水果了。

水果品种	特点
苹果	侧重选择酸度低的品种；使大便松软
香蕉	由于香蕉甜度很高，请每次和甜度较低的水果混合食用（例如苹果或桃子）；使大便成形
浆果（草莓、覆盆子、黑莓）	使大便松软
梨	食用甜度很高的品种时，建议与其他水果混合食用；使大便松软
蓝莓	使大便成形
接骨木果	煮沸后过筛；使大便松软
樱桃	刚开始蒸熟食用；使大便松软
杏	刚开始研磨食用；使大便松软
油桃	使用软的油桃，去皮；使大便松软
桃子	使用软的桃子，去皮；使大便松软
葡萄	去皮去籽，并与其他水果混合食用；使大便松软
李子	蒸熟，需要的话过筛以去皮；使大便松软

晚餐辅食

梨小米糊

20 克小米麦片、200 毫升冲调好的配方奶、1 个小梨

（从第六个月开始，不含麸质）

取冲调好的配方奶的一半，加入小米麦片拌匀。将梨去皮去核，并磨细。将梨末和剩下的配方奶加入小米糊中搅拌均匀，即可食用。

◀

信息

成品产品

市面上的牛奶谷物泥大多是以谷物粉或谷物麦片的形式售卖。部分产品中已经包含牛奶，这样你只需在粉末中加入开水冲调就可以了。但是，也有需要和牛奶或配方奶一起冲调的纯麦片。同样，你也可以买到成品罐装牛奶谷物泥（晚餐辅食）。使用罐装晚餐辅食时，请不要被包装上的年龄说明误导，即使上面写的是“第四个月以后”，建议你也应从第六个月再开始给宝宝食用。

家庭食谱

小米丸子

1 个鸡蛋、40 克黄油、150 克凝乳、盐、现磨的肉豆蔻、4 汤匙即食小米麦片

1．将鸡蛋蛋白和蛋黄分离。将蛋黄与黄油、凝乳、一小撮盐和少许现磨的肉豆蔻一起打至起泡。加入小米麦片搅拌均匀。

2．将蛋白打发，拌入到凝乳混合物中。用两个湿润的小茶匙挖出混合物，做成小丸子，放入煮沸的盐水中，炖 15 分钟。小米丸子非常适合作为蔬菜清汤的配料。

晚餐辅食

玉米香蕉糊

20 克玉米面、200 毫升配方奶、1/2 根成熟的香蕉

（从第六个月开始，不含麸质）

1．加热可冲调 200 毫升配方奶的水。加入玉米面，使用打蛋器搅拌，煮沸后用文火煮 3 分钟，并不断搅拌，直至玉米糊变稠。

2．加入配方奶粉搅拌，将半根香蕉捣碎后拌入。食用前请检查温度。

家庭食谱

玉米冻糕

400 毫升牛奶、100 克玉米面、2 汤匙蜂蜜、2 汤匙坚果碎、1/2 个磨碎的有机柠檬果皮、少许肉桂粉

1．加热牛奶，加入玉米面，不断搅拌至煮沸，然后继续稍微加热，待玉米面煮涨。

2．在玉米面糊中加入蜂蜜、坚果碎、柠檬皮和肉桂粉，混合均匀。然后倒入小碗中，待冷却后浇上果酱食用。

晚餐辅食

苹果米糊

1/2 个苹果、200 毫升配方奶、20 克大米麦片

（从第六个月开始，低过敏原，不含麸质）

1．将苹果洗净、去皮、磨碎。

2．按照包装上的说明冲调配方奶，稍加冷却。

3．在配方奶中加入大米麦片混合均匀，然后将米糊与苹果碎末混合。

家庭食谱

水果米饭

150 克圆粒大米、400 毫升牛奶、100 毫升橙汁、2 茶匙糖、按个人口味选择的水果、1 小撮肉桂粉

1．将大米洗净，和牛奶及橙汁一同放入锅中混合、煮沸。小火煮大约 30 分钟。

2．将水果洗净、切块，然后和糖及肉桂粉一起加入到米饭中，混合均匀。

晚餐辅食

甜瓜二米糊

20克加利亚甜瓜、小米麦片和大米麦片各10克、200毫升配方奶

（从第六个月开始，低过敏原，不含麸质）

将甜瓜去皮、去籽，然后研磨成泥。将小米麦片和大米麦片加入冲调好的配方奶中混合，然后加入水果泥混合均匀。

家庭食谱

生姜甜瓜饮

1块生姜（约2厘米）、1个加利亚甜瓜、2汤匙蜂蜜、1个柠檬榨出的柠檬汁、1.5升矿泉水、冰块模具

1．将生姜去皮并切成小方块。将生姜块放入500毫升水中，文火煮10分钟，待其冷却后倒入冰块模具中冷冻。

2．将甜瓜切成两半，去皮、去籽，然后切成小块。放入一个大容器，加入蜂蜜和柠檬汁，稍加浸泡。

3．倒入矿泉水，然后加入生姜冰块饮用。

晚餐辅食

苹果香蕉燕麦糊

1/2 根香蕉、1/2 个苹果、20 克燕麦片、200 毫升配方奶、1 汤匙葡萄汁

（从第七个月开始）

1. 将香蕉去皮，并切成片，然后捣碎。将苹果去皮、切成四等份，并去核。使用生食刨丝器更细的一侧将苹果块刨成细丝。

2. 将燕麦片加入到冲调好的配方奶中混合均匀，然后加入水果和葡萄汁。

家庭食谱

坚果混合酸奶

2根香蕉、2 个苹果、4 汤匙榛子、240 克燕麦片、4 杯原味酸奶（每杯 200 克）

1. 将香蕉去皮并切成不太薄的片状。将苹果洗净、擦干、去核，然后带皮切成适口的块状。

2. 用锋利的小刀将坚果切碎。将切好的水果和坚果、燕麦片及酸奶一同混合均匀。

晚餐辅食

蓝莓混合谷物泥

3 汤匙新鲜蓝莓、20 克七谷物麦片（即食）、200 毫升新鲜冲调的婴儿配方奶

（从第七个月开始）

1. 挑拣好的蓝莓、洗净、擦干，并研磨成泥。

2. 将七谷物麦片加入到冲调好的配方奶中混合，稍加浸泡。加入蓝莓泥并混合均匀。

晚餐辅食

浆果面糊

200 毫升全脂牛奶、20 克婴儿面粉、50 克混合浆果（新鲜或冷冻覆盆子、蓝莓或草莓）

（从第八个月开始）

1. 将全脂牛奶倒入小锅中煮沸。将面粉加入到牛奶中，用搅拌器混合均匀，然后离火，待面糊稍加浸泡。

2. 与此同时仔细挑拣浆果、清洗，并放在一个筛子上晾干。然后使用叉子捣碎，并加入到面糊中混合均匀。

晚餐辅食

樱桃斯佩尔特小麦糊

50 克成熟的甜樱桃、200 毫升全脂牛奶、20 克斯佩尔特小麦片

（从第八个月开始）

1. 将樱桃洗净、去核，加少许水稍微煮沸。然后使用搅拌棒研磨成泥。

2. 将牛奶煮沸，加入斯佩尔特小麦片搅拌均匀后离火。最后拌入甜樱桃泥。

晚餐辅食

多彩浆果谷物泥

50 克混合浆果（蓝莓、黑莓、覆盆子或草莓）、200 毫升全脂牛奶、按个人口味选择 20 克全麦谷物麦片

（从第八个月开始）

1. 挑拣浆果并研磨成泥。

2. 将牛奶煮沸，加入谷物麦片搅拌均匀，然后拌入浆果泥。

3. 离火，食用前需稍加冷却。

晚餐辅食

苹果接骨木苋属植物糊

20 克苋属植物（膨化）、200 毫升牛奶、2 ~ 3 汤匙苹果接骨木果酱

（从第九个月开始）

将膨化苋属植物放入一个深盘中，将牛奶加热后浇上，然后稍加浸泡。最后加入苹果接骨木果酱搅拌均匀。

晚餐辅食

水果麦片糊

125 毫升牛奶、2 汤匙细燕麦片、1 个苹果、1/2 杯覆盆子（也可以使用冷冻的）

（从第十个月开始）

1．牛奶中加入燕麦片，煮沸、离火，然后稍加冷却。

2．将苹果洗净、去皮、去核，然后细磨。将覆盆子捣碎。

3．将水果加入到麦片糊中搅拌均匀。

▲

第三步：午后辅食（从第七个月开始）

第七个月至第九个月将添加最后一顿辅食，也就是在午后作为加餐添加谷物水果泥。这是所有婴儿辅食中最容易准备的一种，因为它仅仅由全麦谷物麦片、水、水果和油或者黄油组成。你只需将谷物麦片放入煮沸的开水中搅拌，然后加入一些有机水果和油就大功告成了！

同样适用的规则：尽量不加糖

如果你更想喂养宝宝罐装辅食，而不想自己制作谷物水果泥，请你一定注意，许多成品辅食中含有糖，不仅会加快龋齿的产生，而且会让你的宝宝不必要地过早习惯甜味。因此，请有针对性地寻找不含糖的罐装辅食，也就是说请仔细研究配料表，因为糖会隐藏在配料表中很多名称的背后。

蔗糖、葡萄糖、麦芽糖或麦芽糊精，所有这些名称无一例外都指向宝宝最好应避免食用的糖。此外，请你注意，午后辅食中应含有碘。碘可能会以碘化钾或碘酸钾的名称存在于配料表中。

缓慢小心地开始

虽然在训练食用蔬菜土豆泥以后，宝宝已经可以很好地从汤匙中吃东西，并且在新食物的耐受方面也毫无问题，但是在添加第三顿辅食时，还是应该尽可能谨慎行事。

此外，请在开始时避免使用混合谷物辅食，而是使用单一的谷物辅食。另外，请每次都在辅食中加入一些新鲜且含有维生素C的水果。这样一来，宝宝不仅可以摄入多种营养成分和重要物质，而且他的身体也可以更好地吸收和利用谷物中含有的铁。

如果谷物导致生病

小麦、斯佩尔特小麦、青嫩未熟的麦粒、黑麦、大麦和燕麦中含有的被称为麸质的蛋白质，即是所谓的乳糜泻的致病原因，千分之一的宝宝会患有此病。这种小肠的终身过敏要求严格的无麸质饮食，否则将会出现严重的不适。如果你担心自己的宝宝可能会对麸质过敏，请向你的儿科医生咨询。你可以在哺乳期间（第五个月至第七个月初）在辅食中少量混合含有麸质的谷物，以此降低宝宝过敏的风险。

午后辅食

基础辅食

90 毫升水、20 克即食谷物麦片、100 克水果、1 茶匙菜籽油

（从第七个月开始）

1．将水倒入小锅中煮沸，离火，并将谷物麦片加入混合。

2．将水果磨碎或研磨成泥，并加入到麦片糊中充分搅拌。最后加入油，即可食用。

信息

由新鲜谷物制成的辅食不适合婴儿

本指南中找不到任何使用新鲜谷物的辅食食谱，因为生谷物对于宝宝来说很难消化，并且会导致胀气。而与之相反，即食麦片则完全是根据宝宝的需求而量身定制的。另外，请你注意那些在制作辅食时使用坚果酱或杏仁酱代替油的食谱：坚果酱的组成远远不如植物油对宝宝有益。因此，你应该优先考虑使用油类。

耐受良好的成分

适合这顿午后辅食的水果包括苹果、梨、甜瓜、桃、油桃、杏和香蕉之类温和的水果。建议你最好使用本地的应季水果。由于不需要远距离运输，水果营养尤其丰富。

适合午后辅食的谷物和晚餐辅食一样，包括燕麦、小麦、斯佩尔特小麦和小米。油类中你可以使用菜籽油，也可以使用玉米胚芽油、葵花籽油或大豆油。

午后辅食

苹果斯佩尔特小麦糊

125毫升水、20克斯佩尔特小麦麦片、100克苹果、1汤匙黄油或玉米胚芽油

（第七个月开始，低过敏原）

1. 将水烧开，加入斯佩尔特小麦麦片搅拌均匀，离火，稍加浸泡。

2. 将苹果去皮、切成四等份，并去核。将苹果块切成小块，放入锅中。

3. 接着加入黄油或玉米胚芽油搅拌均匀，然后用搅拌棒将所有食材研磨成泥。

家庭食谱

斯佩尔特小麦煎饼搭配糖渍苹果

140克斯佩尔特小麦全麦面粉、2汤匙斯佩尔特小麦麦片、175毫升牛奶、盐、1个鸡蛋、3汤匙葡萄干、1汤匙黄油、糖粉

1. 将斯佩尔特小麦面粉和麦片混合，加入牛奶和一小撮盐混合，然后静置30分钟。将鸡蛋和洗净的葡萄干混合均匀。

2. 将黄油放入平底锅中加热，然后倒入一半的面团。将煎饼烤至浅棕色后翻面，并将反面也煎至棕色。用叉子将煎饼分成大块，注意保温。

3. 用同样的方法处理剩余的面团。在做好的煎饼上撒上糖粉。适合搭配糖渍苹果食用。

家庭食谱

苹果接骨木奶油糊

200克接骨木果、2个苹果、2汤匙斯佩尔特小麦麦片、少许肉桂粉、糖、100克奶油

1. 清洗接骨木果。将苹果洗净、切成四等份、去核，并切成小方块。将苹果和接骨木果一起放入锅中，以小火煮软。将斯佩尔特小麦麦片加入搅拌均匀，稍加浸泡。然后加入肉桂粉和糖提味。

2. 将奶油打发，然后小心地加入上述混合物中拌匀。

午后辅食

桃子香蕉面包泥

150 毫升茴香茶兑苹果汁（比例为 2∶1 或使用成品）、5 片面包干、50 克桃子、50 克香蕉、1 汤匙黄油

（从第七个月开始）

1．将茶加热，将其中的一半浇在捏碎的面包干上。

2．用热水烫桃子后剥皮，然后将果肉切成块状，研磨成泥或捣碎。将香蕉剥皮，两端各切去 0.5 厘米，然后将果肉捣碎。

3．将水果和泡软的面包干及黄油一起混合均匀。将剩余的茶倒入学饮杯中，搭配饮用。

家庭食谱

桃子香蕉沙冰

3 个大桃子、2 根香蕉、200 克西瓜、2 汤匙红糖、按个人口味选择添加冰块和香蜂草

1．将桃子去皮去核，将香蕉去皮，将西瓜去籽。将全部水果切成块状，加入红糖后研磨成泥。

2．加入碎冰块和按口味添加香蜂草后食用。

午后辅食
樱桃谷物糊

50 克甜樱桃、200 毫升水、1.5 茶匙小麦粉、1.5 汤匙蜜糖、1.5 汤匙斯佩尔特小麦麦片、50 克香蕉、1 汤匙黄油

（第七个月开始）

1．将樱桃彻底洗净并去核。将水、小麦粉和樱桃放入锅中煮开，然后不断搅拌，小火煮 2 ～ 3 分钟后离火，稍加浸泡。

2．加入蜜糖和斯佩尔特小麦麦片搅拌均匀。加入香蕉和黄油，然后使用搅拌棒研磨。

家庭食谱
樱桃蛋酥饼

1 个鸡蛋、100 克斯佩尔特小麦麦片、1/2 升牛奶、50 克葡萄干、1 茶匙肉桂粉、200 克去核的樱桃、1 汤匙糖、用于模具的黄油和糖

1．将蛋白和蛋黄分离。将斯佩尔特小麦麦片和牛奶、葡萄干、肉桂粉及蛋黄混合均匀，加入樱桃拌匀。将烤箱预热至 190℃。

2．在蛋白中加入糖打发，然后拌入樱桃面糊混合物中。在模具上抹上黄油和糖。将混合物倒入模具，然后放入预热好的烤箱中烘烤 45 分钟。随后将酥饼在断电的烤箱中放置 15 分钟。

午后辅食
浆果小米糊

125 毫升水、20 克小米麦片、100 克混合浆果（蓝莓、黑莓、覆盆子；新鲜或冷冻）、1 汤匙黄油或使用玉米胚芽油替代

（第八个月开始）

1．将水倒入锅中煮开，加入小米

麦片拌匀后离火，稍加浸泡。

2. 与此同时将浆果洗净（将冷冻浆果解冻）并研磨成泥。

3. 将浆果泥加入小米糊中，加入黄油或玉米胚芽油搅拌均匀，倒入深盘中食用。

午后辅食

李子谷物糊

100 克成熟的李子、200 毫升水、3 茶匙小麦粉、1 茶匙黄油、少许肉桂粉

（从第八个月开始）

将李子洗净、去核，然后切成小块。将水和小麦粉混合烧开，加入李子用小火煮，直至将李子煮软。加入黄油搅拌均匀。撒上肉桂粉。

家庭食谱

李子谷物丸

600 毫升牛奶、盐、200 克小麦粉、500 克李子、4 汤匙黄油、4 汤匙面包屑、肉桂粉、3 汤匙糖

1. 牛奶中加入盐后煮开。加入小麦粉，小火加热并不断搅拌，使其膨胀，直至形成稠面糊。然后离火，继续浸泡 10 分钟。

2. 与此同时将李子洗净、去核、切成小块，加入少量水和糖煮，然后稍加冷却。

3. 将黄油放入平底锅中加热，然后加入面包屑稍稍烘烤。

4. 使用汤匙将面糊挖出做成小丸子，然后放入平底锅中将两面轻煎。

5. 将肉桂粉和糖混合后撒在丸子上面，然后与李子酱一起食用。

手指食物乐趣多多

等到宝宝八个月大掌握了夹取动作，可以用拇指和食指夹取较小的东西时，他就会喜欢自己用手指吃你精心准备的小点心了，例如一个水果拼盘，几片油煎玉米饼，甚至切成一口大小的黄油面包。

以下的手指食物食谱是专门为宝宝的小手设计的，当然这些手指食物不仅可以作为家中最小的家庭成员的加餐或晚餐，也可以为你自己带来美味的体验。没准儿，其中某个食谱可能会给你带来启发，能助你更好地迎接这一年中最重要的日子：宝贝的周岁生日！

手指食物

香草酱蔬菜小饼

1 个小洋葱、4 根胡萝卜、2 个西葫芦、2 个土豆、100 克冷冻豌豆、1 茶匙橄榄油、1 个鸡蛋、1 茶匙芥末、盐、胡椒粉、现磨的肉豆蔻、1 汤匙香菜碎、2 ~ 3 汤匙面包屑、用于烘焙的葵花籽油、250 克酸奶、1 束切碎的混合香草

（从一周岁开始）

1. 洋葱去皮后切成细小的方块。将胡萝卜、西葫芦和土豆洗净，去皮，切成小方块。

2. 将蔬菜放入锅中加入少许水，用文火煮 6 ~ 8 分钟，煮熟即可，请勿煮烂。关火前两分钟加入豌豆。将煮好的蔬菜倒入筛子中沥干。

3. 将洋葱放入油中煎至透明。然后将洋葱和上述蔬菜混合。

4. 将鸡蛋、芥末、胡椒粉、肉豆蔻碎、香菜碎倒入碗中混合，然后浇在蔬菜混合物上。倒入足够的面包屑搅拌均匀，直至混合物可以定型。

5. 用湿润的手将蔬菜混合物做成小饼形状，然后放在剩余的面包屑中翻面。将油倒入锅中加热，然后将小饼一份份地放入锅中，将两面都煎至金黄色。

6. 制作香草酱时，将香草碎和酸奶混合均匀，然后加入盐和胡椒粉调味，直至味道浓烈。

手指食物

土豆香草小饼

800 克粉质土豆、盐、150 克全麦面粉、100 克凝乳、2 个鸡蛋、胡椒粉、现磨的肉豆蔻、125 克埃门塔尔干酪碎、一束切碎的新鲜香草、用于煎炸的油

（从一周岁开始）

1. 将土豆洗净，放入到大量盐水中煮 20 分钟至煮软，削皮后趁热使用压薯器将土豆压碎。然后与面粉、凝乳和鸡蛋混合，并加入盐、胡椒粉和肉豆蔻碎调味。

2. 将奶酪和香草加入后混合均匀，将面团做成小饼形状，然后在热油中煎炸成金黄色。

婴儿可用的香草

新鲜的有机香草在婴儿食品中备受青睐，因为香草不仅散发香味，还含有多种维生素和矿物质。适合婴儿食品的主要是温和的品种，例如香菜、莳萝、香葱和罗勒，只需切碎后拌入辅食或酱汁中即可。

手指食物

营养丰富的面包块

1/2 片全麦切片吐司、1 茶匙黄油、1/4 个成熟的梨、4 个奶酪块（古乌达或艾丹姆干酪）

（从第十一个月开始）

1. 在切片吐司上涂抹黄油，切成小方块。然后将梨洗净去皮，同样切成方块。

2. 将吐司块、梨块和奶酪块干净、整齐地摆放在一个小餐盘中。

手指食物

甜面包块

1/2 片全麦切片吐司、1 茶匙凝乳（40%）、1/4 个桃子、1 茶匙果酱

（从第十一个月开始）

1. 在切片吐司上涂抹凝乳，然后切成一口大小的方块。

2. 将桃子洗净、去核，然后切成方块。在每个吐司块上涂一些果酱，然后和水果块一起干净、整齐地摆放好。

手指食物

多层面包块

1/4 根胡萝卜、2 茶匙奶油奶酪、1 片全麦切片吐司

（从第十一个月开始）

1. 将胡萝卜洗净，用削皮器薄薄削去一层皮，然后使用生食刨丝器更细的一侧将胡萝卜刨成碎末。将奶油奶酪和胡萝卜碎末混合。

2. 将切片吐司稍微烤一下，分成两半，将其中半块使用一半的奶油奶酪和胡萝卜碎末混合物涂抹。然后盖上剩余的半块吐司片，用剩余的混合物涂抹。最后，沿纵向将面包切开、叠放，切成一口大小的方块。

手指食物

香脆烤土豆条

500克土豆、1汤匙油、盐、150克天然酸奶、1束切碎的混合香草、胡椒粉

1．将烤箱预热至200℃，将土豆洗净，用削皮器薄薄削去一层皮，然后切成不太细的条状，放入大碗中加入油及少许盐混合均匀。

2．在烤盘上铺上一层烤纸，然后将土豆条分散放于烤盘上，在预热好的烤箱中烤制35分钟，要经常将土豆条翻面。

3．与此同时将酸奶和香草碎混合，加入盐和胡椒粉调味。

小贴士

色彩缤纷的条状食物

宝宝喜欢用手抓东西吃。各种不同水果做成的彩色条状食物可以吸引宝宝的眼球，并提供大量的维生素和矿物质。

你可以将两到三种适合的蔬菜洗净、去皮，然后切成长条状。

适合的蔬菜有：黄瓜，黄色、红色和橙色的彩椒，球茎甘蓝或者胡萝卜。

搭配美味的酱料会很可口，酱料由150克天然酸奶、50克酸奶油、1汤匙番茄酱、1～2撮辣椒粉和盐调制而成。

宝宝的零食

现在，你的宝宝已经长出了第一批牙齿，他可能会很兴奋地想要用胡萝卜或者小面包和磨牙棒来测试一下。关于这些，你可能有很多疑问，其中就包括：“应该给他吃小麦磨牙棒还是饼干呢？”

虽然超市货架上相关的产品琳琅满目，但是纯粹从营养学的角度来看，与所有广告中的说法相反，饼干、磨牙棒等类似食物对于宝宝的营养和发育并没有必要。恰恰相反，食用婴儿零食存在一定的风险，容易让宝宝养成经常在正餐之外额外吃零食的习惯。还有另外一点也很重要，无论你的宝宝是六个月还是已经超过一周岁，请绝对不要在无人看护的条件下让宝宝吃零食。宝宝很容易呛到自己，如果没有人对其进行急救的话，有可能会导致窒息。

合适的替代品

可惜的是，大部分饼干中含有大量的糖，因此，它们绝对不适合作为宝宝的加餐。如果你主要是为了让宝宝有力地咀嚼，那么一块面包皮或者一瓣苹果都可以达到这个目的。或者你可以让宝宝用米花糕（最好选择未添加盐的）或者小麦棒磨牙。但请在选择正餐之间的零食时一定选择全麦食品！现在市面上有大量的全麦零食，可以照顾到宝宝的各种口味。

是否也可以不吃甜食？

例如“孩子们需要糖”或者“没有糖果是不行的”这类总能从好心的爷爷奶奶口中听到的话，早已遭到了驳斥。虽然孩子们需要碳水化合物，但是为了他们的健康着想，完全可以避免吃精炼糖。在养育第一个孩子的时候，让他尽可能晚地接触到巧克力、冰激凌、小熊糖和类似的甜食并不难。

如果你想取悦自己的宝宝，不一定非要送他甜点。一本小小的绘本、一杯黏土、一瓶泡泡水或者一支户外粉笔肯定也能让他同样开心。

不知道甜食味道的宝宝，自然不会盼望吃甜食。然而，在实际生活中，宝宝与甜食的接触发生得实在太早。如果有哥哥姐姐在，那么无糖的教育基本上无法进行。这样的话，可以为宝宝选择少量与年龄相符的产品。

其他的零食

并不是只有含糖的饼干才可以消除宝宝对甜食的兴趣，一份由应季成熟水果制成的新鲜水果沙拉也会很受欢迎，你可以根据宝宝的年龄将其中的水果研磨成泥或者不同程度地切碎。此外，一份（全麦）面包干碎加水果、一份小麦棒加苹果块或者一份全麦饼干碎加水果酱都可以迅速成为宝宝最爱的零食。

在宝宝一周岁生日前后，你可以将各种乳制品加入他的零食列表中。现在时机已经成熟，宝宝可以食用添加水果或水果酱的天然酸奶和自制的添加极少量糖的香草布丁，宝宝会很喜欢！用这种办法，你可以轻松地将超市冷藏柜中含糖量高并且不健康的成品儿童布丁、酸奶和零食打入冷宫。

外出时的零食

如果你想和宝宝到儿童活动场所或者动物园度过下午，可以随身带上一些无糖的点心，例如小麦棒、松脆的面包片、米花糕或者切成小块的水果（最好不要带香蕉，香蕉会很快产生褐色斑点）。可以在水杯中装些水随身带着饮用。这样你就可以在活动场上或者散步的时候穿插一次小小的野餐，给宝宝带来欢乐。

作为两餐之间的完美零食，一瓣苹果可以让宝宝体验到啃咬带来的无限愉悦。

甜食爱好者食谱

浆果小煎饼

300克混合浆果、200克全麦面粉、2茶匙发酵粉、1小撮盐、1个鸡蛋、200毫升牛奶、约2汤匙黄油、蜂蜜或糖粉

（从一周岁开始）

1. 挑拣浆果并洗净。在面粉中加入发酵粉、盐、鸡蛋和牛奶，然后揉成光滑的面团。拌入浆果。

2. 将黄油放入平底锅中加热，然后在锅中放入大约三汤匙面团。中火煎炸约3分钟，然后翻面再煎炸约2分钟后完成。从平底锅中取出，注意保温，用同样的方法将剩余面团制成煎饼。

3. 煎饼即可食用，可加入蜂蜜或糖粉使之有甜味。

甜食爱好者食谱

杏子马芬蛋糕

3个鸡蛋、100毫升玉米胚芽油、150克香草酸奶、150克糖、250克杏、150克全麦面粉、1/2包发酵粉、50克坚果碎、纸杯模具

（从一周岁开始）

1. 将烤箱预热至200℃。在马芬蛋糕模上放上纸杯模具。

2. 将鸡蛋和油、酸奶以及糖混合均匀。将杏洗净、去核、切碎并加入。加入面粉与发酵粉及坚果碎混合均匀。

3. 将混合面团倒入纸杯模具中，在预热好的烤箱中烤制约25分钟。

甜食爱好者食谱

全麦香蕉小饼

400毫升牛奶、100克全麦面粉、盐、2根香蕉、200克凝乳、1汤匙黄油、1茶匙肉桂粉、2汤匙红糖

（从一周岁开始）

1. 将牛奶煮开，加入面粉和盐混合均匀。离火后晾凉，期间不断搅拌。

2. 使用叉子将香蕉捣碎，加入凝乳及面糊混合。

3. 把面团做成小饼形状，然后放入黄油中煎熟。撒上肉桂粉和红糖。

小寿星食谱

生日蛋糕

150 克红糖、2 个鸡蛋、250 毫升葵花籽油、200 克斯佩尔特小麦面粉、1 茶匙发酵粉、2 茶匙肉桂粉、1 小撮盐、200 克胡萝卜、50 克坚果碎、糖粉（用于撒在表面）、油脂和面包屑（用于涂抹模具）

（从一周岁开始）

1．将红糖加入到鸡蛋中搅拌至发泡。不断搅拌的同时加入葵花籽油。然后加入面粉、发酵粉、肉桂粉和盐并搅拌均匀。

2．将烤箱预热至 180℃。在环形蛋糕模具上涂抹油脂，并撒上面包屑。

3．将胡萝卜擦净、去皮并磨碎。将胡萝卜碎和坚果碎加入面糊中混合。将面糊倒入模具，在烤箱中烤制约 40 分钟。

4．待蛋糕冷却后，撒上糖粉。

受欢迎的柠檬糖霜

给较大的宝宝做蛋糕时，可以根据你的喜好在蛋糕上淋上一层柠檬糖霜，然后用巧克力豆点缀。

内容索引

A/B

C

D

E/F

G

R

S

T

W

X

Y

Z

食谱索引

C/D

H

X

Y

图书在版编目（CIP）数据

0–1岁宝宝营养搭配指南 ／（德）阿斯特丽德 · 莱米希霍夫著；杨晓燕译. —北京：北京联合出版公司，2017.8
（集优生活）
ISBN 978-7-5596-0613-6

Ⅰ.①0… Ⅱ.①阿…②杨… Ⅲ.①婴幼儿－保健－食谱 Ⅳ.①TS972.162

中国版本图书馆CIP数据核字（2017）第156819号

0–1岁宝宝营养搭配指南

作　　者：(德)阿斯特丽德 · 莱米希霍夫
译　　者：杨晓燕
选题策划：北京凤凰壹力文化发展有限公司
责任编辑：郑晓斌　徐秀琴
特约编辑：郭　梅
封面设计：Metis 灵动视线 TEL:010-85983452
版式设计：文明娟

北京联合出版公司出版
（北京市西城区德外大街83号楼9层　100088）
北京旭丰源印刷技术有限公司印刷　新华书店经销
字数60千字　710毫米×1000毫米　1/16　印张9
2017年8月第1版　2017年8月第1次印刷
ISBN 978-7-5596-0613-6
定价：46.80元

0-1岁宝宝营养搭配指南

Babyernährung

by Dr. Astrid Laimighofer

著作权合同登记号　图字：10-2016-551